# 昆虫的神秘档案

[俄] 尼·尼·普拉维利希科夫　著

王梓　译

中国青年出版社

**图书在版编目（CIP）数据**

昆虫的神秘档案 /（俄罗斯）尼·尼·普拉维利希科夫著；王梓译 . -- 北京：中国青年出版社，2025.1.
-- ISBN 978-7-5153-7477-2

I . Q96-49

中国国家版本馆 CIP 数据核字第 2024G4K717 号

责任编辑：彭岩
出版发行：中国青年出版社
社　　址：北京市东城区东四十二条 21 号
网　　址：www.cyp.com.cn
编辑中心：010－57350407
营销中心：010－57350370
经　　销：新华书店
印　　刷：三河市君旺印务有限公司
规　　格：660mm×970mm　1/16
印　　张：13
字　　数：160 千字
版　　次：2025 年 1 月北京第 1 版
印　　次：2025 年 1 月河北第 1 次印刷
定　　价：58.00 元

如有印装质量问题，请凭购书发票与质检部联系调换
联系电话：　010－57350337

# 前言

——

　　我拖着沉重的双腿，从很远的地方往家走。膝盖麻木了，腰快累断了，脑袋被太阳晒得发烫。感觉只能勉强看见眼前的小道，因为怎么都睁不开眯着的眼睛：眼皮子好沉，耀眼的阳光像刀子一样刺激着我的双眼。我的嘴唇干裂了，路上的尘土让嗓子火辣辣地生疼……

　　尽管如此，我还是非常幸福。非常幸福！

　　为什么呢？

　　无情的烈日炙烤着荒地，我却在一小丛半干的灌木边站了半天，终于看到了一只小小的毛虫吐丝卷起叶子的情景。

　　而就在昨天，我像个落汤鸡似的往家走，浑身都是脏兮兮的污泥，双脚被苔草弄出了不少口子。眼睛酸得睁不开，背快累断了，膝盖像木头一样没有了知觉。

　　为什么呢？

　　因为我蹲在沼泽的苔草丛里观察了好久水叶甲。

　　到了明天……明天又会是眼睛干涩、腰酸背痛的一天，回家的路还是会显得那么漫长。尽管如此，我依然会感到幸福：我还会看到新的东西，学到新的知识……

或许我会留在家里，在桌子旁坐上一整天。桌子上放着个饲养箱，饲养箱里是……是什么其实都无所谓吧？总之肯定是一种我想一探奥秘的昆虫。

眼睛又酸了，背又快累断了……但心里又是充满了幸福和欢喜。

一切都是为了这些微不足道的毛虫、苍蝇和甲虫？没错，都是为了它们。

好笑吗？不论是去林子、田间还是沼泽，我从不会叫上那些觉得这种事好笑的人。我不会让他们整个早上坐在同一个地方，观察"小不点儿"寄生蜂攻击"庞然大物"毛虫的情景。和我一起出发的都是昆虫爱好者：在土路上爬行的小甲虫，飞起来嗡嗡作响的蝗虫，啃食着叶子的毛虫，都能使他们兴致盎然。

这些研究可不是消遣：昆虫是自然界中最强大的力量之一。

许多昆虫靠损害作物为生。拜这些家伙所赐，我们付出了高昂的代价：农业因害虫而遭受的损失以数百亿卢布计。此外，也有不少昆虫是森林

的"敌人",有吸血的和寄生的,有破坏储藏品和货物的,甚至还有危害建筑的。

昆虫中也有益虫,有的能为植物传粉,有的能消灭害虫。

要怎么和"敌人"作斗争,又怎么利用"朋友"为我们服务呢?

为此就必须熟悉昆虫的习性,而且不仅是已经进入黑名单的"敌人"和已经主动站出来的"朋友",还要研究其他未知的昆虫。谁知道这些陌生者以后会加入"敌人"的阵营,还是会成为可靠的"朋友"呢?

不论是田野还是草地,是花园还是森林,是杂草丛生的荒地还是蔬菜成排的田垄,到处都有昆虫,到处都能发现可以学习研究的东西。

你懂得越多,就会变得越强大。请记住:要想真正了解大自然,得掌握许许多多的知识才行呢。

# 目录

——

# 1. 瓢虫

瓢虫是我们小时候最早认识的昆虫之一。你还记得这个圆圆胖胖的小不点儿吗？它长着金红色的鞘翅，鞘翅上有黑色的小点儿。这种小虫向来都不慌不忙，胆量很大；它沿着草茎爬上爬下，不管碰到谁都不害怕。要是你伸给它一根手指，它就会沿着手指爬上去。要是再把指头竖起来，它就会一直爬到指尖上，然后打开两片鞘翅，张开翅膀飞走啦⋯⋯

你看着小瓢虫在手指上爬，嘴里念念有词："快飞上天空，带回来面包⋯⋯"① 不错，它是飞走了，尽管并不是飞上天，也不会带来什么面包，可这又有什么关系呢？看着这小瓢虫沿着手指爬行，目送它不慌不忙地从指尖上起飞，这可真是件惬意的事啊⋯⋯

如果瓢虫被粗暴地碰了一下，它就会收起触角和六条腿，一动不动了。在地上躺个一分来钟，好像"死了"一般，然后又重新爬动起来。

有人说，这是瓢虫在装死，想骗过它的天敌。其实昆虫跟人不同，它并不懂得要装死。可许多甲虫和其他昆虫都会发生这种"突然昏迷"的情况。

它们为什么会这样？又有什么目的呢？这是两个完全不同但又密不可分的问题。

---

① 出自俄罗斯儿歌："瓢虫呀瓢虫，快飞上天空，带回来面包，黑面包呀白面包，只要别烤焦。"——译注

为什么呢？在突如其来的强烈外部刺激（通常是碰触）下，某些昆虫会发生所谓的"神经休克"，从外表上看就是变得一动不动，仿佛是"死了"一样。等"休克"过去之后，受到刺激的神经器官安定下来，昆虫也就恢复了"神智"：它苏醒过来，重新开始爬行。

昆虫有许多天敌，需要防备天敌的袭击。有些昆虫能快速逃遁，有些善于躲藏，有些会咬会蜇，还有些会……这些自卫手段可谓千奇百怪。"假死"就是其中的一种。

当昆虫一动不动时，它们很难被天敌发现，更何况不是每只鸟儿都对"死掉"的猎物感兴趣。再者，小瓢虫只要把六条腿一缩，就会从树枝或树叶上掉下去，这样一来便足以躲开天敌了：你看，要在草丛里寻找一只小小的甲虫，也不是那么容易呢！

由此看来，"假死"竟然也有它的好处。于是，这种原本的病态反应成了某些昆虫的固有习性，并转变为一种自卫的方式。

这也就回答了"有什么目的"的问题。如你所见，要解开这个谜团，不先回答"为什么"的问题是行不通的。不然的话，你恐怕还会说瓢虫是"故意装死"的：想不到这小瓢虫竟这么聪明又狡猾啊。

不难证明，这里根本就谈不上什么"狡猾"不"狡猾"。你不妨找只小瓢虫来，稍微碰它一下。瞧，它这就"死掉了"……一动不动地躺了一两分钟后，它突然又动了起来，重新开始爬行。可"危险"还没有过去，那个"天敌"依然在边上呀。事实上，瓢虫是看不见你的，因为你对它来说着实是个庞然大物。附近的鸟儿它也是看不清的。虽然鸟儿并没有碰"死去"的瓢虫，但也并没飞走，可瓢虫已经开始爬行了……就这样在天敌的眼皮底下"苏醒"过来爬走了……

这也算是"狡猾"不成？还能说它是在"故意装死"吗？

其实，瓢虫也没有什么"装死"的必要，它并不需要蒙骗天敌。管它是死是活，反正也很少有动物会打它的主意。

你可以用两个指头稍微捏一捏瓢虫，便会发现手指上沾了些黄色的液体。这是瓢虫的血液。瓢虫只要蜷曲一下腿，它的"膝盖"也就是关节中就会渗出几个小血滴：这些小血滴正是它防御天敌的方式。

闻闻沾了黄色血液的指头，你会发现它的气味相当难闻。你可以在手指上再多弄点儿血液，然后用舌头舔一舔（这样做并不危险）。只需稍加"品味"，你就能大概体会到瓢虫血液的味道了。

刺激的味道，难闻的气味……瓢虫的血液可真恶心！

刚刚飞出巢穴的小鸟儿还处于懵懵懂懂的状态。未出巢时，雏鸟由鸟妈妈来喂养，而鸟妈妈早已经懂得该捕捉什么猎物了，这种知识是生活传授给它的。可小鸟儿对此却一窍不通，因为还没有生活经验嘛。它看到一只瓢虫，就过去把猎物叼来，结果瓢虫的血液流到了它的嘴里。不难想象，这些血液是多么恶心，搞得它费了好大功夫去清理嘴巴。瞧它那副难受的样子，仿佛是在诉苦："咳，瞧我吃到了什么鬼玩意啊！"

灰不溜丢的甲虫不容易被记住，因为这样的甲虫数量很多。这一点我们都十分清楚：世上有许许多多种不同的甲虫，但我们只能记住少数几种。而瓢虫恰好就是被记住的一种。为什么呢？因为它的颜色好认嘛。

鸟儿也是这样：它只要吃过一两只瓢虫，就再也不会去碰它们了。它记住了这种虫子是很难吃的。

瓢虫鲜艳的颜色就好比是一块警示牌，上面写着："碰了我，后果很严重！"

恶心的味道和显眼的体色并不能让瓢虫免遭一切天敌的毒手。有一类大型食肉蝇——食虫虻①以及几种鸟类会捕食瓢虫。尽管如此，这些招数已经能保护瓢虫躲过多数鸟类的袭击，这样也就够了。

瓢虫关节中渗出的血滴在民间俗称"奶水"，瓢虫也由此得了一个"小奶牛"的外号②。它的体色确实有点儿像奶牛的毛色：红底黑点或白点，黑底红点或黄点。人们有时还把它叫作"小太阳"，因为它又红又圆，尽管这是一个布满斑点的"小太阳"。

不同的民族给瓢虫起了不同的名称，但无论在哪，它的名字中都含着满满的爱意。看来人们都很喜欢这种小甲虫。为什么呢？大概是因为它那不慌不忙的性格吧。

外表往往是很迷惑人的，在瓢虫身上也是如此。看着像是个安静的小虫子，难不成还会去欺负谁吗？然而事实上，瓢虫是一种凶猛的食肉昆虫。

瓢虫的胃口非常大，它的主要食物是蚜虫。要找到蚜虫并不是难事——哪儿没有这种虫子！苹果树、蔷薇花、卷心菜……几乎所有植物上都有蚜虫！有时候蚜虫多得爬满了整个植株。它们用口器刺穿植物的表皮，从中吸取汁液为食。

可要是瓢虫爬了过来或从天而降，蚜虫就要倒大霉啦。蚜虫的腿非常衰弱，几乎不能爬行，也就谈不上逃跑了。大多数蚜虫都没有翅膀，就算有也飞得很差劲。蚜虫就是这么一种不爱动的弱弱的小虫，成天只是趴在那儿吸呀，吸呀……

---

① 属双翅目短角亚目食虫虻科，外表似蝇，体形较大，擅长捕食飞行昆虫。——译注

② 瓢虫在俄语中被称作 божья коровка "上帝的小奶牛"。——译注

瓢虫来了之后，就一个接一个地把蚜虫全吃光。它需要大量的食物：一只瓢虫一天能吃掉100只蚜虫呢，有时甚至还不止。想不到这毫不起眼的小虫子，竟然是一个"大胃王"！

最常见的瓢虫要算七星瓢虫了。它名字的来源是金红色鞘翅上的七个黑色斑点：每片鞘翅上有三个，还有一个长在两片鞘翅的接缝上。七星瓢虫是体形最大的瓢虫之一，差不多有一颗饱满的豌豆（确切来说是半拉豌豆）那么大。

七星瓢虫在春天、夏天和秋天都能看见。春天的瓢虫比较少，到盛夏和夏末就多多了，有时甚至会达到一个很惊人的数量。

蚜虫是一种害虫，它们会吸干植物。食肉的瓢虫捕杀蚜虫，把这些害虫统统消灭掉，所以说瓢虫是一种益虫。

在饲养箱里观察瓢虫生活和繁殖的过程倒是挺有意思的，但要养瓢虫就不太容易了：这些馋虫需要很多很多的食物。

瓢虫一般在树林里过冬：躲在林子边缘的落叶或者脱落的树皮底下。有时"集体过冬"的瓢虫非常多，你只要铲开落叶，就会发现下面满是带斑点的小瓢虫。

等积雪融化之后，瓢虫并不会立刻从过冬处爬出地面——没必要着急嘛，因为地面上还没有吃的呢。

春日飞逝，花芽绽放，冬天产下的蚜虫卵也孵化了，再过几天就会长出小蚜虫来。现在瓢虫有东西吃了。

我并不急着捉来瓢虫放进饲养箱。因为蚜虫还不够多，要想喂饱十来只贪吃的瓢虫并非易事。其实就算没有蚜虫，如果喂给瓢虫糖水，它们也能活得很滋润；只要在饲养箱里放几块浸湿的糖块就行了。但我不想一开始就给它们这样的伙食：还是让它们按正常方式生活——以蚜虫为食吧。现在不用急着去抓它们，要知道瓢虫们还没开始产卵呢，我还有足够的时间。

我需要很多蚜虫，于是在邻居的花园里和野外努力寻找。家里备了一些橙蚜（又称桃蚜）[①]，但这点儿虫子又能支撑多久呢？而且这些是我用来防备不时之需的。所以瓢虫的主要食物还得从别处找，我得提前找个食物充足的地方。

荚蒾[②]和蔷薇盛开的时节正是蚜虫开始产卵的时候。叶片的背面冒出了一堆堆椭圆形的黄色蚜虫卵。雌蚜虫每天都会产下许许多多的卵，有时十几个，有时五六十个。产卵会持续很多天，每只雌蚜虫能生产一千多个卵，有些繁育力强的甚至能生产两千多个卵。

我的瓢虫都喂得饱饱的，它们从没尝过挨饿的滋味。只有一个饲养箱里的瓢虫吃不饱饭，结果那里的瓢虫卵也少得多。看来食物的多少会影响瓢虫的产卵能力。

瓢虫把卵竖着粘在叶面上，看起来好像是站在叶子上。在自然条件下，七星瓢虫卵的发育非常迅速：只需经过 5 ～ 14 天（视天气而定），卵就会孵化出幼虫。房间里的温度比林里田间要暖和，所以我的饲养箱里不出一周就能孵化出幼虫。

这下子又有得忙啦！如今我得把瓢虫卵放到不同的饲养箱和大大小小的罐子里。就算是最小的瓢虫幼虫，一有机会也会对自己的兄弟姐妹痛下杀手，所以在同一个饲养箱养几十只瓢虫是很危险的：最后只能有少数几只幸存下来。

---

① 属半翅目胸喙亚目蚜科，常见蚜虫，主要危害植物花叶。——译注
② 属茜草目忍冬科，落叶灌木，开白色花朵，花期为 5 ～ 6 月。——译注

最早生下来的卵开始发灰了——这就是马上要孵化的迹象。这里共有约两百个卵，孵出来的幼虫却只有 74 只。对此我并不惊讶：众所周知，许多瓢虫卵里的胚胎根本就不发育，还有不少幼虫爬不出虫卵。强大的生育力挽救了瓢虫：哪怕一百只幼虫里只有一对幸存下来并产下后代，瓢虫的总数就不会减少——死了一对父母，又补上一对子女。也就是说，"七星瓢虫"这个物种还会存续，并且还不仅仅是存续，而是繁荣兴旺。

幼虫孵出来了。尽管个头还小，它们却立刻表现出了瓢虫的习性：首先吃掉了卵壳和那些未发育的卵。这些食物并不够吃很久，于是它们开始从出生的叶片出发四散爬走，去寻找自己的猎物——蚜虫。

从这一天开始，我的麻烦事就多起来了。得把这些小馋虫喂饱，而它们的数量却与日俱增。只要稍微一不留神，幼虫就开始攻击自己的兄弟姐妹：强壮的幼虫吃掉了比较衰弱而不太灵活的幼虫。

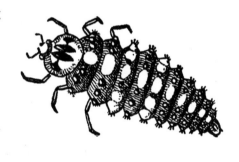

瓢虫的幼虫身体很长，呈青石板般的蓝灰色，它们灵活地沿着植物爬来爬去，寻找着自己的食物。在爬行和奔跑时，它们的六条腿伸得开开的，看上去就像有好多只脚似的，那副样子并不怎么招人喜欢。它们的背上长着黑色的疙瘩，还有几个鲜艳的橙色斑点。

天气越温暖，幼虫成长得越快。饲养箱所在房间的平均气温是 20℃，在那里，幼虫的发育需要一个月的时间。在这段时间里，幼虫要蜕三次皮。而且几乎每次蜕皮时，我都会发现某个饲养箱里少了几只虫子。蜕皮中的幼虫是唾手可得的猎物，而蜕皮又不是同一天和同一个小时里集体进行的。于是还没开始蜕皮或已经蜕完皮变得结实的幼虫就袭击了正在蜕皮的同伴，把它们吃掉了。

幼虫也不拒绝享用别的食物。它们吃小毛虫、蠓虫和蚊子，有一只还吃了整整一堆菜粉蝶卵。只要猎物足够柔软合口，不管是什么小昆虫它们都愿意吃。

幼虫们每天要吃数百只蚜虫，所以我每天都要去附近的野地寻找饲料。不管蚜虫繁殖得有多快，要喂饱一百来只瓢虫幼虫总归不容易。我每天都得搞到成千上万只蚜虫。

成熟的幼虫一昼夜间能吃掉一百多只蚜虫，就连刚孵出一天的小不点儿也能吃掉十来只蚜虫，而且吃完后恐怕还想再吃呢。

天气越温暖，幼虫发育得越快，吃得也就越多。我把几个装着幼虫的罐子放进恒温箱，这个小恒温箱能将内部温度稳定在24℃～25℃。过了17天，里面的幼虫已经成熟并开始化蛹。在这17天里，每只幼虫平均吃掉了850～900只蚜虫。在自然界里，幼虫的发育将持续一个半月到两个月，其间被它吃掉的蚜虫肯定远远不止1000只。

化蛹的时间临近了。幼虫们四处爬动，找到了合适的化蛹地点。这个地点通常是叶片的背面，于是有些幼虫爬到了饲养箱的盖子下面。它们吐出一种黏稠的液体，把自己的尾部粘在叶子上，就这样倒吊着度过了一天，两天，三天……

幼虫蜕下了最后一层外皮，然后爬到叶面附近就不动了，并封住了虫蛹的末端。

原本是单一黄色的虫蛹逐渐变黑了，带上了醒目的斑点。等它颜色完全变了之后，看上去满是黄色、橙色和黑色的斑点，显得斑斑驳驳、鲜艳多彩。这个光滑多斑的虫蛹跟未来的成虫截然不同。虫蛹悬挂的地方并不隐秘，不过毕竟是在叶子的背面，也不那么容易被发现。

　　悬挂着的幼虫和虫蛹很容易沦为尚未化蛹的幼虫的美餐。于是我又得把幼虫们搬到不同的罐子里，好让部分虫蛹免遭胃口大开的"室友"的毒手。

　　虫蛹的存在时间很短，只有一周左右。

　　早在化蛹后的第四天，我就开始忙着观察虫蛹的状况了：室内的温度影响了瓢虫的孵化期，所以过了四天就有瓢虫破壳而出。那时的天气十分炎热，就连晚上都闷热难耐。

　　第一只成虫我是在第五天发现的。它大约是刚从虫蛹中挣脱出来，头部、胸部和腿脚几乎都是黑的，背部的上半部分有几个普通的白点依稀可见。但鞘翅的颜色还很不明显，差不多还是全白的，只是微微泛出粉色的光泽。鞘翅上连一个斑点都没有。

　　瓢虫一动不动地待在蜕去的虫蛹上。我可没时间一直盯着它，只能一小时来饲养箱前观察一次。

　　瓢虫鞘翅变黑变硬的过程非常缓慢。当鞘翅的颜色还很浅时，上面就已经开始浮现黑色的斑点了。

　　最先出现的是鞘翅缝上的斑点，在甲壳后部；与之几乎同时产生的还有鞘翅最末端的斑点。这些黑点起初在浅色的鞘翅上只是依稀可辨，后来颜色不断加深，变得越来越清晰了。鞘翅的颜色也渐渐变鲜艳了，而且不仅染上了色彩，还变得更加坚硬。

　　瓢虫在黄昏时分爬出了虫蛹，但它的颜色直到第二天才完全形成。成虫的第一份食物就是自己的蛹。吃完之后，它开始沿着饲养箱爬行，想寻找别的食物。

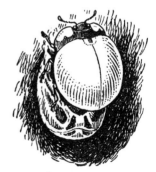

　　我把一片爬满了蚜虫的树叶伸到瓢虫跟前，它立刻开始大快朵颐，接着是第二片叶子上的

蚜虫，稍事休息后又转战第三片叶子……甚至连第四片叶子上的蚜虫都不放过。

我的饲养箱和罐子里一只接一只地出现了年轻的瓢虫。每只瓢虫都是变鲜艳和变结实后就立刻开始吃东西，首先从虫蛹下口。不过，它们的"头盘"① 倒也不一定非得是虫蛹。

我等一只瓢虫变硬之后，用剪刀剪断了虫蛹的基部，让它掉落到饲养箱底。瓢虫的头盘就这样没了，但它也丝毫不以为意，直接从主菜蚜虫开始享用了。

显然，虫蛹之所以成为瓢虫的第一份食物，不过是因为它就在瓢虫旁边罢了。

我刚才说了一句话："等瓢虫变硬之后……"可为什么不能先取走虫蛹，而非得等瓢虫变硬再说呢？

其实这里面是有理由的。前述实验并不是由我首创的：我还是八岁的小孩儿时，就已经有人发表了一份观察，而直到许多年后上了大学我才读到这份报告，后来又重复了他的实验。

刚钻出虫蛹的柔软无色的瓢虫并不爬动。它纹丝不动地待在那里，仿佛是在等自己的"外衣"最终染上色彩。

要是此时吓它一跳，让它爬起来，那会发生什么呢？

真是不可思议！受惊的瓢虫开始爬动，它的六条腿已经足够支撑爬行了，而且也能进食，不论虫蛹和蚜虫，还是一切能找到的可以吃的东西。它的外壳和鞘翅也渐渐变硬了。可是鞘翅上的斑点……就只能永远维持在它受惊时的样子了。如果斑点已经全部出现，那自然会维持现状，但如果只出现了一部分，那剩下的也就不用再指望了。

---

① 俄国饮食习惯，正餐先上头盘（"第一道菜"），如鱼子酱等凉菜和各式汤点，然后才上以熟肉食和蔬菜为主的主菜（"第二道菜"）。——译注

我惊吓了一只刚脱离虫蛹的瓢虫。它身上还没出现斑点，此后也没再出现。此外，它鞘翅的颜色并不是通常的金红色，而是一种有点儿混浊的苍白色，看着就像是染色没染完。

我又惊吓了另一只瓢虫，它的斑点已经出现了，但还比较模糊，到后来也就只能维持这样子了。但凡受了惊，瓢虫的"上色"过程仿佛就中断了，它的鞘翅也无法变得像通常那样坚硬。

我手头还有另一种瓢虫——二星瓢虫的虫蛹。它金红色的鞘翅上只有两个斑点，两边各一个。这种瓢虫比七星瓢虫要小多了，得去树上寻找和捕捉。如果它们受了惊，也不会染上色彩，身上的斑点要么完全不出现，要么就是出现了但不清晰。

这种现象还很少有人研究过，可以再作不少有趣的观察。想观察这个现象，倒也不必把幼虫孵出来再从小养到大，只需捕捉快成熟的幼虫即可，直接收集虫蛹则更为简单。

食肉瓢虫的成虫和幼虫大量捕杀蚜虫，以及与蚜虫有亲缘关系的两类昆虫——活动能力更差的蚧科昆虫和盾蚧科昆虫[①]。

你可以去卷心菜地里寻找蚜虫。卷心菜上寄生着会危害蔬菜的菜蚜，所以必须想办法治理它们。等发现菜蚜之后，你就可以抓些瓢虫成虫或幼虫来，把它们放到卷心菜上。观察一下它们能否迅速地把蚜虫消灭干净。

蚜虫也寄生在其他的园艺作物上，例如苹果树和梨树的嫩芽上就时常能发现蚜虫，李子树的新生枝条有时也会遭殃。它们还会危害栽培的花朵。

---

① 俗称介壳虫，与蚜虫均属半翅目胸喙亚目，主要危害柑橘等果树。——译注

不少室内园艺爱好者常抱怨说，他们家里的蚜虫怎么杀都杀不完。

只要把瓢虫捉来放到长蚜虫的植物上，蚜虫很快就能被吃光。

在俄罗斯南方，橘子树等柑橘类植物以及苹果树、梨树、李子树和茶树都面临着危险的"敌人"，那就是不同种类的介壳虫。用杀虫剂对付它们并不容易，化学产品很难帮上果农的忙，何况这些毒药还有副作用。对于这些茶树、橘树和苹果树来说，瓢虫就是非常出色的卫士。不同类型的介壳虫自有不同类型的瓢虫来治理，其中一些靠当地瓢虫解决，另一些则由远道而来的瓢虫消灭。瓢虫为我们守护了高加索①黑海沿岸地区的橘子树和茶树：澳洲瓢虫保护了橘子树，当地的四星瓢虫则保护了茶树。

---

① 东欧—西亚地区名，临近黑海，包括格鲁吉亚、亚美尼亚、阿塞拜疆三国和俄罗斯的一部分。——译注

# 2.用脚尝味的昆虫

——

　　黄缘蛱蝶是我们这儿最大的蝴蝶之一。只要看过一眼，你就会对这种美丽的蝴蝶终生难忘。黄缘蛱蝶的翅膀是樱桃般的黑红色，带有宽阔的奶油色翅边，翅边旁点缀着一些蓝色的小斑点。

　　黄缘蛱蝶一般出现在 7 月下旬或 8 月初，并一直活动到 10 月。等夜晚开始变冷之后，黄缘蛱蝶就躲进藏身之处过冬去了。它们会在树桩残余的树皮下寻找一个小洞，或者钻进倒下的树木上的深缝，然后紧紧收起翅膀和六条腿，睡上整整一个冬天。冬去春来，黄缘蛱蝶还能继续出没约一个月，产下卵后便死去了。

　　在夏天和初秋，黄缘蛱蝶通常能在稀疏的桦树林中或林地的边缘看见。它的落脚点一般是树干，有时也包括树木旁边的地面，但很少停在花朵上。如果白桦树流出了树汁，黄缘蛱蝶一定会循味而来，它们对橡树的树汁也是趋之若鹜。

　　与黄缘蛱蝶同飞共舞的还有一种优红蛱蝶，不过它出现的时间比较早，虽说也是在夏季。

　　优红蛱蝶的色彩要比黄缘蛱蝶亮丽。它长着黑色的双翼，上面分布着几条朱红色的斑纹：一条是后翅的翅边，另一条是前翅上的斜纹；此外，它的前翅上还有一些小白点。

相比起黄缘蛱蝶，优红蛱蝶停在花朵上的频率要高得多了。尽管如此，如果你想捉一只优红蛱蝶，那也不应该去花朵上寻找。流出树汁的桦树或橡树周围，林边或林中小径两旁的树干上，林间道路上的烂泥里，以及小溪岸边潮湿的沙地上——这些才是优红蛱蝶出没的地方。优红蛱蝶有时也会出现在住宅附近：它的幼虫以蓖麻为食。

黄缘蛱蝶、优红蛱蝶、孔雀蛱蝶、荨麻蛱蝶、紫闪蛱蝶、折线蛱蝶、绿豹蛱蝶和庆网蛱蝶都是蛱蝶科的蝴蝶。它们的典型特征是前足的构造：前足短小退化，爪子完全消失。

蛱蝶同其他蝴蝶一样，其吻部演变为细长的口器。这个口器平时卷起来，等要吸吮汁液时才会展开。

蝴蝶的食物通常是液体。它们借助口器吸吮甘甜的花蜜，也有的吸吮树木伤口处流出的汁液，或者落在地上的成熟果实的果汁。单靠糖水也可以养活蝴蝶。

黄缘蛱蝶什么时候才会展开口器呢？

看，一只黄缘蛱蝶落到了一小摊水旁，它的口器依然是卷起的。它不打算喝水，而只是想休息休息或晒晒太阳。

另一只蝴蝶停在了渗出树汁的橡树皮上。它的口器迅速展开，开始吸吮树汁。很明显，蝴蝶能用某种方式区分无味的水与甘甜的树汁。

桦树和橡树的树汁散发着浓烈的气味，蝴蝶能通过这种气味辨别它们。但糖水并没有什么气味，没法同普通的水区分开来。尽管如此，黄缘蛱蝶还是能区别糖水和纯水：它只吸吮糖水，如果你给它纯水，它的口器并不会展开——当然，前提是它并不想喝水。

蝴蝶的触角没有接触到水，也就是说，帮助它辨别出水的味道的并不是触角。它的头部也没有靠近水面，所以告诉它水的味道的也不是口器。

那么，它到底是怎么尝出味道的呀？它的味觉器官究竟在哪儿？

蝴蝶味觉器官的位置相当出人意料。黄缘蛱蝶的味觉器官分布在中足和后足的爪子上。只要它停在包括树汁和糖水在内的任何液体旁，哪怕只是落在潮湿的表面上，它的爪子就会碰到这些液体。注意，有味觉功能的只能是中足和后足，而不是发育不完全的前足。

要检验这一点并不困难。

将黄缘蛱蝶放在一个小盒子里。盒子必须足够小，令它无法展开翅膀也不能爬行。在3～4天的时间内，不要给它喂食或喝水。

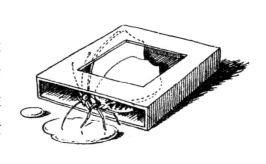

用干棉花擦擦它的爪子。口器仍然处于卷曲状态。

然后把它放在一团湿棉花上，或者用蘸水的小刷子刷刷中足和后足的前端。它的口器展开了。

要是你把它放在能喝到水的位置，黄缘蛱蝶就会开始吸起水来。它展开口器的原因显然是闻到有水。不过"闻"这个词听着挺怪的，毕竟我们在讨论的是它的脚啊。

黄缘蛱蝶喝饱了水，把口器收了回来。

如今不管你怎么反复弄湿它的爪子，它的口器都不会再展开了。黄缘蛱蝶已经不需要再喝水了。

可是，你已经好几天没给它喂过食了，它已经饿坏啦！

把一团蘸过糖水的棉花凑近黄缘蛱蝶的爪子，它的口器又展开伸长了。这只黄缘蛱蝶将糖水同纯水区分了开来。

如果没有糖水，你也可以用蜜糖水或果酱水代替。黄缘蛱蝶能辨别出甜味极其微弱的糖溶液，而且它越是饥饿，味觉就变得越是敏锐。从灵敏程度上看，蝴蝶爪子上的味觉器官是人类舌头的 250 倍。

以上实验也可以用在优红蛱蝶的身上。

只有少数几种蝴蝶的味觉器官长在爪子上。天蛾是一种非常善于飞行的昆虫，但它从不在花朵上落脚，而是悬停在花朵上空，同时用口器从中吸取香甜的花蜜。它的爪子上根本不需要什么味觉器官，自然也就不会有了。

就连蛱蝶科内部也不是所有成员的爪子都能用来识别食物和水。绿豹蛱蝶停在花朵上取食，所以也没法用爪子尝到食物，因为花蜜藏在花冠的深处。

在树林的边缘尤其是泥泞的林间道路上，夏天里往往有体形庞大的折线蛱蝶和美丽的紫闪蛱蝶在翩翩起舞。折线蛱蝶长着黑色的翅膀，沿着翅边分布着红褐色的小斑点，前翅上还有些白色的斑点。紫闪蛱蝶的双翼呈黑褐色，前翅上长着白色的斑点，后翅上有一条白色的斑纹。雄性的紫闪蛱蝶还闪耀着紫色的光泽。上述两类蝴蝶的幼虫生活在山杨树和白杨树上。

折线蛱蝶和紫闪蛱蝶都不会在花朵上驻足。它们喜欢待在路上的烂泥里，也喜欢吃橡树和白桦流出的发酵树汁（这样的橡树叫作"喝醉"的橡树），有时甚至会落到新鲜的粪便上。折线蛱蝶早在 6 月就开始飞舞了，紫闪蛱蝶则出现得稍晚，往往是折线蛱蝶已所剩不多时才开始活动。

　　这些蝴蝶的爪子上有没有味觉器官还不清楚。它们可能是按着气味找到"喝醉"的橡树的：发酵的树汁气味非常浓烈，可以一直传到很远的地方。新鲜的粪便也是如此，追着它的味儿很容易就能找到。但说不定它们的爪子上也有味觉器官呢？

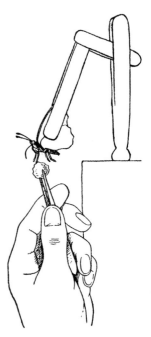

　　这个猜想检验起来也不是很难。上面的插图是一个固定蝴蝶的支架。这个装置制作起来很容易，用薄胶合板或硬纸板当材料就行了。按图示将蝴蝶夹在支架上，你就可以用刷子或棉球碰它的爪子，也可以摸摸它那半伸半缩的口器，还能进行一些别的操作。当然了，要做这个实验先得有只蝴蝶，并把它不吃不喝地关上几天。

　　某些蝇类的爪子上也有味觉器官。

　　大家想必都见过大个头的丽蝇。这种苍蝇有时会飞进房间，晚上则会绕着灯光盘旋，搞得人不胜其烦。

　　丽蝇的胸部和腹部都是蓝色的，腹部还有一层薄薄的白色粉被。红头丽蝇头部的前端（所谓的"脸"）是红色的，黑头丽蝇则是黑色的。

　　丽蝇的前爪上也长着味觉器官。如果把它的前爪放到稀糖水里，它的口器就会展开做好吸吮美食的准备。

# 3.棕色的姬蜂

夏夜里的灯光对虫子仿佛有一种特别的魔力。当然，也不是所有虫子都会被它吸引。

瞧，灯光下飞舞着多少飞蛾、蚊子、金龟子和各种小甲虫呀！它们对"蝙蝠"牌马灯 [①] 那点儿微弱的灯光都会趋之若鹜呢。

这些"夜间来客"中也包括一些寄生蜂。

在描述寄生蜂的外貌时，自然不能不提它那特殊的产卵器。可不是吗！寄生蜂的产卵器有时竟能达到体长的 2～3 倍，不少人还误以为这是寄生蜂的"尾巴"。在这些门外汉看来，寄生蜂是一种长着透明薄翼和修长"尾巴"的苗条小虫。其实，"尾巴"并不是所有寄生蜂的标志性特征。有许多种类的雌寄生蜂腹部末端就只有一个短短的锥状物，还有些品种根本就没有这个"小锥子"。以上所说的还都是雌蜂，至于雄蜂嘛……它们又怎么可能有什么产卵器呢。

今天我们要讲的寄生蜂只有很短的产卵器。这是一种棕色的寄生蜂，体长可达到 2 厘米，它的名字叫作姬蜂 [②] 。

---

[①] 一种旧式煤油灯，有特制的防风构造，其名称来自 19 世纪生产该灯的德国公司。——译注

[②] 准确来说，本章描写的是膜翅目姬蜂科下的一类昆虫——甘蓝夜蛾拟瘦姬蜂（Paniscus/Netelia Ocellaris），但由于这个学名太长且较为陌生，故暂且用比较简单的科名代替，有兴趣作进一步了解的读者应加以注意。——译注

姬蜂具有趋光性。它从打开的窗户飞进房间，向明亮的灯光扑去，转眼间就不见踪影了。但如果你再仔细看看天花板，就会发现它正停在那儿呢。突然又扑向灯光，然后重新飞回天花板上。

在莫斯科近郊，常会出现这样的情景：天完全变黑后再等上个把小时，姬蜂便开始在空中飞舞了。如果从房间里看出去，你发现玻璃窗外侧爬着许多姬蜂。走出去把三面窗户上的"来客"全都捕捉起来，再回到房里坐下来读读书，一会儿窗子上又会聚集不少虫子，可以再去捕捉。

这种情形几乎每天晚上都会发生。

姬蜂数量众多，有必要对它们作一番研究。

我为姬蜂准备了几个饲养箱。这都是些普通的木头饲养箱，三面外壁用纱网制成，还有一面外壁是玻璃的，这就是饲养箱的入口，同时也是"窗户"：透过这面外壁，我可以把饲养箱里的情况看得一清二楚。

饲养箱里并没有发生什么了不得的大事。姬蜂们沿内壁爬来爬去，有时清理下自己的触角和爪子。到了饭点，它们才明显地活跃了起来。

在自然界中，姬蜂的食物是甜美的花汁，我则用蜂蜜喂养它们。

蜂蜜这种食物太过黏稠了，得往里面兑点儿水才行。最好不要拿个小碟子盛着蜜水直接放进饲养箱里，这样会把姬蜂的身体弄脏的，有时甚至会把它们淹死在蜜水里。我在玻璃片上滴了一点儿蜂蜜，量不大，只有2～3滴。然后往蜂蜜里加几滴水，再涂抹开来。大功告成！

我把饲养箱入口那一侧转向自己，打开入口，把"饭菜"放在饲养箱的底部。然后关上入口，将其转向窗户。

姬蜂们朝着有光的方向爬去，随即发现了食物。

才过了一小会儿，蜜水边上已经聚起了饲养箱里的所有"居民"。它们推推搡搡的，都想挤到食物旁边。有时一只姬蜂爬到了另一只身上，就这样骑着它不走了。

吃饱喝足之后，姬蜂们离开了食物，开始清洁身子。它们把爪子和关节并拢起来，捋着自己的触角，还用爪子搓搓脑袋，再把爪子舔干净。这些小昆虫倒挺像猫咪的，时不时就要给自己洗把脸。

姬蜂最常清洁的部位是触角。我做过一点统计：在6个小时之内，一只姬蜂足足花了42分钟在"洗脸"上。

这种习性倒是没什么好奇怪的。

姬蜂的嗅觉和触觉都与触角密切相关。触角万一变脏了就发挥不了作用，会导致它失去与外界交流最重要的器官。

我养的姬蜂在饲养箱里爬行、用餐和清理身子。不过，我养姬蜂可不是为了观赏它们享用蜜水或吃饱后洗把脸。如果只是出于这个目的，那只需两三只姬蜂就足够了，可我这儿却有几十只呢。

姬蜂的幼虫是寄生性的生物。它们靠其他昆虫（或者蜘蛛）的养分成长壮大。而姬蜂幼虫寄生在蝴蝶幼虫的身上，是一种外部寄生虫。因此，雌性姬蜂的产卵器非常短小，因为它只需把卵产在毛虫的外皮上，根本就用不着多长的工具。

有一回，我成功捕捉到了许多姬蜂。既然如此，又怎能不好好作一番观察呢？看看它们是怎么把幼虫产到毛虫身上的，幼虫又是如何成长的，还有……总之，我想从头到尾地把姬蜂的发育过程给观察一遍。

为此，我需要一些姬蜂和一些毛虫。手头的姬蜂已经非常充足，缺的就只有毛虫了。

邻居家的菜园里种着两畦卷心菜，那儿有好多好多的菜粉蝶[①]幼虫。可

---

① 属鳞翅目菜粉蝶科，常见小型蝶类，幼虫常危害十字花科植物。——译注

是……姬蜂对这些毛虫根本不屑一顾：它只想要飞蛾的幼虫。

当时是 8 月底，正值夏末，要找到合适的毛虫并不轻松，何况还有各种各样的限制条件：蝴蝶的幼虫自然不行，毛茸茸的灯蛾①幼虫也派不上用场。豆天蛾②那黑褐色的肥大幼虫虽不常见，但只要四处转一转，一天也能抓到那么五六只。可惜的是它们身上也长着绒毛，姬蜂肯定是不喜欢的，所以也就不值得去捉了。

目前已知有 40 多种飞蛾幼虫可以做姬蜂幼虫的宿主。可老天仿佛是成心作弄，我竟然连一只毛虫都找不到。

只好去找黄地老虎③的幼虫了。这种蛾子飞行能力很差，幼虫也没有多少。倒也不是需要几百只毛虫，但这个"没有多少"坏就坏在会增加寻找幼虫的难度。

白天里是见不到黄地老虎幼虫的，它们都躲在地下呢。我在秋播地旁走着，沿着杂草丛生的田埂和还没翻耕的小块田地仔细观察，看能不能发现毛虫夜间活动留下的痕迹。

我几乎费了整整一天时间，直到傍晚才捉到了 6 只毛虫。尽管不算多，但暂时也够了。重要的是，我已经确切知道该在哪寻找这种毛虫了。一只黄地老虎能产下成百上千的虫卵，在我发现幼虫的这片荒芜的田地里应该也少不了。不过得翻开土块并挖开表层的土壤：白天它们都躲在那下面。

①　属鳞翅目灯蛾科，常见蛾类，幼虫多毛。——译注
②　参见本书第十二章。——译注
③　属鳞翅目地蛾科，常见蛾类，幼虫生活在地下，对作物危害极大，因而得名。——译注

我拿了一个很大的饲养箱，它的盖子和两面墙是玻璃做的，这就有了足够多的"窗口"来进行观察。然后我在箱底撒满松软的土壤，往里面放上幼虫的饲料——一小束幼嫩的莴苣。

剩下的毛虫暂时也住进了这个公共的饲养箱。我给它们的食物也是新生的莴苣：今天没时间去给它们找别的吃的了。不过，莴苣本来就是种很好的饲料嘛。

黄地老虎幼虫在饲养箱里的生活跟在外头没什么两样。它们同样是白天躲在土下，晚上爬出来吃东西，只不过食物稍微变了样。在这段时间里，幼虫吃的通常是秋播作物的幼苗，因此人们也把它们叫作"秋苗虫"。如果一片地里的秋苗虫太多，远远就会看到田地外围有一圈不长草木的地方：那里的幼苗全被虫子给糟蹋了。为什么只有田地外围的幼苗被啃光呢？因为黄地老虎并不把卵直接产在秋播苗上，这些幼虫都是从邻近的地里爬过来的。所以说，黄地老虎是一种有害的飞蛾。

直到晚上，我才开始进行观察。秋苗虫是一种夜行性的毛虫，白天里姬蜂是找不着它们的。很显然，姬蜂应该是等到猎物爬出地表之后，也就是到了傍晚或夜里才去狩猎的。

我打开饲养毛虫的饲养箱的门，把一只姬蜂放了进去。

姬蜂在饲养箱里飞了一会儿，然后落到地上，开始了日常的清理活动。它用爪子搓了搓一根触角，刚准备去清理另一根，这时从莴苣叶下突然爬出了一只毛虫。

姬蜂发现了毛虫。我不知道它是看到的还是闻到的，不过这也没什么关系。它不慌不忙、大摇大摆地走向自己的猎物，六条长长的细腿交替迈着步子，一对直挺挺的触角在前面微微颤动。等逼近毛虫后，姬蜂用触角碰了碰它。

毛虫想必并不喜欢这一碰。它略略抬起头部和胸部，猛地把姬蜂推了开来，嘴里还吐出一股绿色的泡沫。

姬蜂连忙躲到一边，开始清理身体。它清理了触角，用爪子揉了揉眼睛，把爪子舔了个遍，又拿爪子在肚子上擦了擦，清理了好几分钟，才重新向毛虫爬去。

姬蜂刚一碰到毛虫，毛虫就迅速转过身来，并摆出了防御的架势。它再次把姬蜂推开，绿色泡沫喷了它一身。姬蜂又一次跑到旁边清理身子去了。

这场拉锯战持续了很长时间。到了最后，猎手终于成功跳到了猎物的背上。毛虫开始打起滚来。

这可真是太好笑了。毛虫飞速翻转着，时而背部向上，时而仰面朝天。姬蜂不停地换着脚，努力想稳在这个活的"轮子"上。

最后，毛虫总算消停了一下，身体绕成了一个环。姬蜂迅速用六条腿撑起身子，头朝着毛虫的尾部，把腹部弯曲起来，屁股上的产卵器刺了一下，随后又是一下……

挨了针戳的毛虫又开始翻转起来。这一回姬蜂跳了开去，跑到一旁清理起了身子。它已经完成了自己的任务，如今可以好好休息一会儿了。

我把毛虫抓了出来，用放大镜观察姬蜂给它"打针"部位的外皮。

我发现了三枚虫卵，都位于毛虫的胸部。这些虫卵已经裂开了一条缝，从里面探出了幼虫的小脑袋。

我把姬蜂也抓了出来，然后往饲养箱里放进新的姬蜂和毛虫。

这一回的场景也跟上次差不多。姬蜂进攻，毛虫自卫。沾了绿色泡沫的猎手跑到一旁，把身子给弄干净，然后重新发动进攻。

突然，发生了一个意料之外的新情况。

某次进攻之后，整备停当的姬蜂正在休息，这时毛虫从它身边很近的地方爬了过去。说时迟那时快，姬蜂高高撑起了身子，就在原地蜷起肚子向毛虫戳去，伸出的产卵器迅速刺进了猎物的身体。

这一切都发生在眨眼之间，虽说姬蜂的动作并不显得很匆忙。

它仿佛是顺手给毛虫来了一针。

毛虫蜷了起来。姬蜂爬到它身边，又来了一针。

毛虫稍微扭了扭就不动弹了。

现在我可算明白了，第一只姬蜂那个迅速的动作究竟意味着什么（之前我没看清楚）。当时毛虫也蜷曲成一个环，我还以为它是累了呢；其实并非如此，它是被姬蜂给麻痹了。

姬蜂爬到一动不动的毛虫身上，把脑袋转向它的尾部，露出了腹部末端的产卵器……

毛虫很快恢复了知觉，可是卵已经产完了，姬蜂已经跑去清理身子了。

我不打算再观察第三对猎手和猎物了。现在要继续追踪产好的卵：它们已经裂开了一条缝，从里面探出了幼虫的小脑袋。幼虫的头部有两个锐利的小钩儿，这是它们的上下颚。幼虫就靠着它们咬穿了毛虫的外皮，开始吮吸它的体液。别看幼虫还小得很，要在放大镜下才能看清，它们可是一点儿时间都没浪费呢。

姬蜂卵的末端有一根长长的杆儿。当雌蜂产卵时，虫卵沿着产卵器出来，杆儿朝前刺进毛虫的外皮里。卵壳紧紧地固定在了毛虫身上，就好像被缝了上去似的。

幼虫会在什么时候以什么方式离开卵壳呢？现在它又是怎么停留在那里面的呢？

为了回答前一个问题，需要假以时日。要想回答后一个问题，那就只好牺牲掉小小的幼虫了。要想立刻找到答案，必须牺牲一只，如果不太顺利，恐怕还得牺牲两三只才行。

值得冒这个险吗？我这儿的幼虫已经为数不多了呀，何况又怎能保证明晚的工作还会跟今晚一样顺利呢？

最后，我决定把第二个问题留待次日晚上解决，甚至可以再拖一拖，等到第三天晚上再说。灯光太暗了，不足以让我完成这么精细的工作。

第二天白天，我出去寻找更多的毛虫。到了晚上，我又把猎手和猎物放进了饲养箱里。

这一回碰上了一只特别善战的毛虫，当然也可能是这只姬蜂不太灵敏，天晓得呢。

被激怒的毛虫不仅用脑袋顶，用泡沫喷，还成功咬住了雌蜂的一条腿，差点儿把它扯了下来。

在下一次进攻中，毛虫旋转得非常迅速，姬蜂怎么都没法把它麻痹。双方时而激战，时而停手：猎手时不时就要跑开去清理身体。

这场大战最后以姬蜂的失败告终，它把卵产在了错误的位置——毛虫的尾巴上。

谁也没教过姬蜂，毛虫身体的哪个部位对于虫卵和幼虫来说是最安全的。事实上它们面临着相当严重的危险。在产卵后的头几个小时，我就对这一点确信不疑了。

产卵器的针刺只是一次短暂的刺激，而留在外皮上的虫卵杆儿造成的刺激就要长得多了，不过相比起幼虫本身带来的痛苦，这点儿刺激也算不上什么了。幼虫刚把脑袋从卵壳里探出来，就用钩儿般的上下颚咬穿毛虫的外皮，开始吮吸它的体液。这种刺激可不是几分钟或几小时的事，可能连续几昼夜，甚至会持续许多天。

在这样的折磨之下，毛虫自然会把头部转向被幼虫咬穿的部位，够着后就把那块皮肤给扯了下来。虫卵杆儿和死掉的寄生虫还留在外皮上，但这又有什么关系呢。给毛虫带来刺激和困扰的主要是幼虫的吸吮动作以及那在皮肤里微微蠕动的双颚。

如果幼虫附着在了头部后面的皮肤上，毛虫就够不着它们了：它的身子可没法弯成这么个姿势。但附在毛虫身体后半段的幼虫，就都暴露在它的利齿下了。

自然选择的伟大力量令雌蜂发展出了一种行为，能将卵直接产在毛虫的头部后面。

当然了，姬蜂也并不总能把卵产在正确的部位，它有时也会出错。至于刚才的那只雌蜂，我倒是可以这样形容：它在混战中把毛虫的尾巴同脑袋搞反了。

犯了这种错误的雌蜂要比一般的姬蜂更有意思，于是我把它转移到了另一个饲养箱单独放置。

等第二天出现新的毛虫时，它还会犯下同样的错误吗？

至于目前嘛……目前我还不打算把新的猎手猎物组合放进饲养箱。今天就先不观察姬蜂与毛虫的冲突了。我干脆坐下来观察那只卵没产对地方的毛虫。

它焦虑不安地爬动着，扭动头部，弯起身子。产在身上的卵对它造成了很大刺激，于是它把脑袋伸向那个被产卵的部位。

蜷曲起来的毛虫把头部伸向体侧和背部，用伸直的颚在身上的褶皱和体节间的凹陷部进行探查。

双颚咬住了打开的卵壳，把它扯了个粉碎。里面的幼虫身负重伤。过了 20 分钟后，第二只幼虫也被毛虫杀死了。

毛虫身上的卵已经不在了，但它已经深受刺激，怎么都没法平静下来。

我已经用不着牺牲幼虫来搞清它们是怎么固定在卵壳里的了。我手头还有许多虫卵，而且都是注定要死掉的虫卵。

到了晚上，我正为下一只毛虫挑选姬蜂，这时我在饲养箱底部发现了一些黑色的小颗粒，样子看上去怪熟悉的。

这是什么呢？

在用放大镜观察之前我就猜出了答案：是姬蜂的卵嘛。放大镜也证实了我的猜测。

可为什么这些虫卵会跑到箱底，又是怎么跑到那儿去的呢？原因非常简单。虫卵在产卵器中成熟，一个接一个地向出口滑去。如果雌蜂能找到毛虫，就会在它身上产下几个成熟的卵，留出空间给接下来要成熟的卵。然后雌蜂再去寻找新的毛虫，找着后就再产几个卵。如此循环反复，直到卵全部产完为止。

可要是没有毛虫的话，虫卵就没地方可产了。但虫卵还是会按时成熟，成熟后的卵没法长期滞留在雌蜂体内，于是就被排了出来。雌蜂把它们随地排放掉了。

这一点是人们早就知道的了，如今我才回想起来，自己以前就曾读到过相关内容。这并不是什么新发现呀。

几乎所有的虫卵都打开了，但其中一些幼虫已经死了。

我取来一个光滑的玻璃小碟，在上面滴了一点点水，然后把虫卵放上去。我把小碟放在双目显微镜的观测台上，小心翼翼地用针挑开卵壳。把卵壳一片片取下来后，我终于看到了幼虫的肚子（或者说末端）。

幼虫的肚子上满是朝前弯曲的小尖刺儿。如果抓住幼虫的脑袋往外拔，就会发现小刺儿紧紧地钩在了卵壳上。

这就是第二个问题的答案了：幼虫是怎么固定在卵壳里的？

卵壳上的小杆儿牢牢固定在了毛虫的外皮上，而幼虫身上的刺儿又钩住了卵壳。何况它的前头还有上下颚固定着呢：这对颚刺入了毛虫的皮肤。

只剩第一个问题还没解答了。要想知道答案，就得有足够的耐心才行，而我的耐心是相当可以的。我日复一日地观察着毛虫和姬蜂幼虫的情况，等待着幼虫破壳而出的那一天。

在头三天里，幼虫都没有让嘴巴离开毛虫的皮肤，但它不啃也不咬，只是紧紧钳住毛虫不放，同时不停地吮吸着，吮吸着，吮吸着……

毛虫感觉非常不自在，于是它用尽办法转来转去，时而蜷成一团，时而舒展身躯。它还弯起身子，试图去咬被寄生的部位。可惜姬蜂产卵的位置非常巧妙，刚刚好在脑袋后面。这样一来，幼虫就像是在毛虫的"脖颈子"上了。嘴巴自然是够不到"脖颈子"的嘛。

三天过去了，幼虫换了一次皮，蜕去了旧的皮肤。

蜕完皮的幼虫并没有改变生活方式，它重新咬住毛虫，开始吮吸体液。

这一回幼虫换了个地方吮吸，尽管就在原来的位置旁边。当幼虫蜕皮的时候，它的上下颚也进行了蜕皮，从上面脱去了一层旧的外壳，如同是从套子里拔出了双颚。这对新颚就咬在旧皮的旁边，幼虫又开始了新一轮的吸吮。脱下来的外皮就这样留在了毛虫身上。

如今幼虫更牢固地附着在毛虫身上了。它的腹部末端留在那层带刺儿的旧皮中，这些刺儿牢牢地钩住卵壳，卵壳又稳稳地连在小杆儿上。双颚蜕下的外壳在前面固定着旧皮。可见，幼虫的藏身处有两个地方连接在毛虫身上，何况它自己还用双颚钳着宿主呢。

毛虫依然烦躁不安，幼虫照旧吸个不停。又过了两天，幼虫蜕了第二次皮，再过两天蜕第三次皮。每次蜕皮之后，它都从旧皮里往外挪一点儿，找个新的位置附着上去。

第三次蜕皮后的幼虫体长约 8 毫米，在远处也能看得见它附在宿主身上了。而毛虫已经几乎无法爬行，只能不时蠕动几下，有时侧躺着好长时间。由此可见，它已经衰弱不堪了：寄生虫耗干了它的力气。

第四次蜕皮之后，幼虫外面已经包着四层"旧衣服"了，这还没算上卵壳呢。只能在一堆套子的末端勉强分辨出它的身形。

在第二周的最后一天，幼虫脱离了奄奄一息的毛虫。它结出了一个茧子，在里面化为虫蛹。毛虫死掉了。三周之后，茧子里爬出了一只年轻的姬蜂。

以上我讲述的是其中一只幼虫的故事，而我手里还有许多别的幼虫，它们并不都是以正常方式来到毛虫身上的。

我的毛虫也并不只有秋苗虫，还有甘蓝夜蛾等其他蛾类的幼虫。这些虫子都没什么好玩之处，实在叫我提不起兴趣来。不过，黑带二尾舟蛾的幼虫和姬蜂幼虫交锋的情形倒是极为有趣的。

要描述这种毛虫的外表着实不易，何况干巴巴的描述又有什么意义呢？请看这幅插图，这便是黑带二尾舟蛾幼虫处于威吓姿态的样子。它尾部的那两根丝儿可以伸缩自如，也可以拿来抖动。当它突然抬高身子扬起"尾巴"的时候，看上去的确挺吓人的。

之所以吓人，还有一个原因，就是它的出其不意。黑带二尾舟蛾幼虫的背部是绿色中混着栗色，体侧有一些小白斑，这种体色放到树枝上很难

觉察出来。它的尾巴伸得直直的，只能看到"手柄"的部位。毛虫趴在树枝或叶片上……突然，从那个仿佛什么动物都没有的地方，探出了一个样子吓人的脑袋，还扬起了两条不断抖动的亮色尾巴……难免会被吓到吧。

有一天，我路过一棵榆树，发现树上有一只黑带二尾舟蛾幼虫。当我想抓起它的时候，它自然是"吓唬"了我，但我可不是刚刚学飞的小鸟儿呀，不管是尾巴还是"威吓"对我都无效。毛虫被关到了盒子里，我又开始寻找第二只虫子。

可惜的是，我最后只找到了一只带回家。

那天晚上，我朝这只毛虫放出了一只姬蜂。

姬蜂自然向毛虫发动了攻击，毛虫当然也毫不含糊地反抗。

它不仅拼命旋转，还昂起脑袋和胸脯，剧烈地摆动着上半身。尾部的两根丝儿也扬起来了。

姬蜂则不断地进攻和撤退，跑开后就在旁边歇一两分钟，清理清理身子。毛虫安静了下来，收回了扬起的"尾巴"，低下了高昂的胸脯。而过了一会儿，姬蜂又发动了攻势，于是毛虫又抬起身子"吓唬"敌手……

最后，姬蜂还是把卵产在了这只可怕的虫子身上。

菜粉蝶幼虫击退姬蜂的办法与黄地老虎幼虫差不多，所以其中有三只我安排了别的用途，没让姬蜂去对付它们。

我每天都能在饲养箱底发现姬蜂的虫卵。其中有些是刚从雌蜂身上产下来的。要是这些卵能落到毛虫身上的话，里面的幼虫就能开始发育了。

其实，虫卵要怎么跑到毛虫身上又有什么关系呢？重要的是能上去就行。

雌蜂产卵的方式就像是用小杆儿把卵深深地钉在毛虫的皮肤上。这个工作实在太精细了，我可没法重新干一次。那么，有什么工具能把小杆儿刺进毛虫的皮肤，使得小杆儿不会损坏，毛虫也不会受太重的伤呢？除此之外，小杆儿还得稳稳地插在皮肤里才行。

没法钉上去，可以粘上去呀。于是我试着把一枚刚产下来的卵粘到毛虫的皮肤上。我是严格按规定行事的：把虫卵粘在毛虫胸部的侧面，让幼虫免受宿主利齿的威胁。

太棒了！卵壳固定住了，幼虫可以吸取养分了。它长呀长呀，蜕皮成熟……

胸部是雌蜂会产卵的部位，但也有许多虫卵被我粘到了它通常不产卵的位置。观察这些误入歧途的虫卵，看看有什么样的命运在等着它们，这是一件很有意思的事情。我把不少虫卵粘在毛虫的身体中部和靠近尾部的地方，此外还有背部、体侧、腹部体节的突出部和两个体节之间的凹陷部。于是我得以多次目睹毛虫清除身上的寄生虫的情景。

上述位置的姬蜂幼虫都无一幸免。只有那些附在胸部两侧和胸部上方的虫卵，才能躲开毛虫那锐利的牙齿。

\* \* \*

姬蜂会攻击许多种毛虫，而黄地老虎的天敌也不只它一个。别的寄生蜂也会把后代产在这种飞蛾幼虫的身上，有的产在体表，有的注入体内。每种寄生蜂的幼虫都有自己的生活方式，但它们最终都会把农业害虫给消灭掉，因此是我们防治农业害虫的好帮手。

有时人们会在特殊的工厂里专门饲养小型寄生蜂。除此之外，我们还要注意别打扰它们在自然界中的生活，这对于保护寄生蜂是很重要的。

读者朋友，希望你能听从我的建议。不管是姬蜂还是别的寄生蜂，都不要去伤害它们。如果晚上有寄生蜂被你房里的灯光给吸引来了，请你小心地把它们捉起来，然后放归到窗外的世界。

# 4.核桃小屋

——

采来一些野生核桃，你有时会在里面发现一颗生虫的果实。这时你应该会备感懊恼吧：里面的核桃肉全没了，只有虫子吃剩的湿乎乎碎屑。偶尔你还能幸运地目睹核桃的"住户"：那是一种白色的无足小虫，长着黄黄的小脑袋。

生虫的核桃外壳上可能会有虫洞，也可能完好无缺。但是，虫洞和小虫绝不会同时出现在同一个核桃上，要么只有虫洞，要么只有小虫。

橡子的情况也是如此，只有一点儿不同：带虫洞的核桃可以在核桃树上找到，但带虫洞的橡子绝不会待在枝头，只能在地上捡到。

现在我们就来讲讲那生虫核桃和带洞橡子的故事。

先从核桃说起。

初夏时节，地底下会钻出一种小甲虫：它的个头很小，身上披着斑斑点点的褐色"毡衣"。这种甲虫的爪子抓附能力非常强，似乎可以抓住一切东西，并紧紧地附在上面。不过，这还不是它最了不起的地方。瞧瞧它的鼻子……好一个长鼻子呀！只比它的身体短一点儿罢了。这个长鼻子很细，比马鬃毛粗一点儿，直直向前伸着，就像一根长矛。

其实，这当然不是鼻子了：甲虫根本就没有鼻子呀。把甲虫拿到放大镜下，仔细瞧瞧它的脑袋。原来啊，这长鼻子的末端是甲虫的嘴巴，还能看见短短的颚，凡是嘴巴边上应该有的东西，都能在这里观察到。"鼻子"的中间有几根分节的触角，它的根部则是甲虫的眼睛。这样看来，甲虫的脑袋是向前拉长了许多，才会形成这样一个象鼻似的玩意儿。

这类甲虫的名字也表明了它的特点：它们被统称为象鼻虫或长鼻虫。象鼻虫种类众多，有 4.5 万多种。俄罗斯有 3500 多种象鼻虫，光是欧洲部分就有 1200 多种。

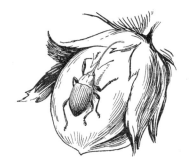

小甲虫慢慢腾腾、大摇大摆地爬行着。其实它想爬快点儿也是力不从心：长着这么个"长鼻子"，还想快到哪儿去呢！

太阳暖洋洋地照耀着大地。象鼻虫晒了会儿太阳，张开鞘翅，从中抽出了一双翅膀。它把翅膀张得大大的，但很快又重新收了回去，好像在朝着太阳伸懒腰呢。

它在地下待了那么长时间，现在能晒晒太阳可真是太好啦。地下可是又黑、又闷、又湿、又冷啊。

从一丛灌木爬到另一丛灌木，从一片叶子爬到另一片叶子……象鼻虫爬呀爬，不时飞一会儿。它的飞行水平不怎么样，不过要在灌木之间和树枝之间飞行的话，它的力气和本领还是足够的。

就这样过了半个夏天。

核桃结出了饱满的果实。于是象鼻虫转移到了核桃树上，爬上了核桃的表面。

核桃的外壳非常坚硬，里面满是可口的食物。对于象鼻虫的儿女们——也就是那些白白的小虫来说，这还真是个不错的房子。可是这个房子没有入口呀。

象鼻虫开始工作，要给这小屋开一个入口。这是一项非常出色的工程：要在核桃的硬壳上打出一扇门来。

象鼻虫在核桃上爬了会儿，爬到了旁边的核桃上。它用长鼻子的末端碰了碰核桃，好像是在探查它的情况。它碰了碰，换个角度在边上碰了碰，

又换了个角度碰了碰……

你可能会说，这小甲虫可真挑剔呀。那当然啦，总不能随随便便就给幼虫找个房子吧。核桃可能是坏的，也可能已经被别的虫子占了。所以以核桃为食的象鼻虫才会在核桃上爬来爬去，要挑出一颗合适的来。

找到了。象鼻虫选定了一颗核桃，在开门的地方做了个记号：就是这儿啦！

找到地方还不够，还得在上面打个小洞，给核桃小屋开个入口。

该怎么做呢？别忘了甲虫还有上下颚，那是两个几丁质<sup>①</sup>的小薄片。它们尽管很小（仔细看看长鼻子的末端！），但却非常结实，起码能用来咬穿核桃的外壳。要知道，就连未成熟的核桃的外壳都有一定的硬度呢。

象鼻虫的上下颚长在长鼻子的末端。要想动用这个工具，就得把它垂直竖好。可是象鼻虫的"鼻子"都差不多跟它的身子一样长了……

好艰巨的任务呀！

甲虫挺直六条腿，把身子稍稍撑了起来，可以说是在努力地"踮起脚尖"，同时把头稍稍向下弯了一点。这样低下头时，就能把"鼻子"的末端也垂下来。

甲虫的身体越抬越高，它的"鼻子"越放越低。最后，下颚终于够到了核桃的外壳。

如今这个爱吃核桃的象鼻虫好像是坐在了核桃上，后爪紧紧抓住核桃壳，并把垂下的"鼻子"末端支撑在上面。它的前爪悬在空中，中间一对

---

① 又称甲壳素，自然界中常见的一种有机物，广泛存在于虾、蟹、昆虫等生物的外壳以及真菌和藻类等的细胞壁中。——译注

爪稍稍钩住核桃。象鼻虫就以这样一个艰苦的姿势开始它的工作了。

　　小甲虫铆足了劲儿，才没有从核桃上掉下去。它那富于弹性的长鼻子就像一个压缩的弹簧，随时都准备要弹回原位。后爪不时会打几个滑，前爪因用力过度而颤抖着……

　　上下颚的工作进度非常缓慢：要想咬穿核桃壳可不是件容易事呀。长鼻子时而稍稍往左，时而稍稍往右。上下颚不停地咬啊，咬啊……

　　过了一个小时，核桃壳上出现了一个小坑。过了两个小时，小坑变深了不少。最后它终于变成了一个小洞。

　　门已经打好了。如今工作总算是加快些了：对付核桃仁要比核桃壳简单多了。

　　这个门非常小，象鼻虫自己是钻不进去的。哪能进得去呢！小洞连它的一只爪子都塞不进去。不过，这个小屋毕竟不是给甲虫妈妈自己用的而是它为虫宝宝准备的房子，准确地说，是其中一只虫宝宝的住所。

　　象鼻虫妈妈把鼻子从核桃里拔出来，转过身来用屁股对准了小洞。它的屁股上伸出一根细细的管子，穿过小洞刺进了核桃里面。

　　这根细管其实是个产卵器，虫卵顺着管子滑了出来。

　　未来的住户就这样搬进了核桃小屋。甲虫妈妈又出发去寻找新的核桃了。它的体内还有许多卵，需要找许多房子给孩子们居住。

　　象鼻虫的工作并不总能顺利完成：诸事难料嘛。只要打洞时稍有不慎，那长鼻子都有可能给它的主人带来死亡。

我虽没目睹过事件过程，但曾在林中和饲养箱里发现过姿势奇怪的象鼻虫。长鼻子还插在核桃里，而甲虫本身却悬在空中，就像是被一根大头针钉在了核桃上。

这是怎么回事呢？

其实这一点儿都不难想象。象鼻虫在钻洞时不小心打了个滑，有那么一瞬间，它的爪子不再紧紧地抓住核桃壳，而长鼻子又是有弹性的，一下子就重新立了起来。甲虫就被这股力量抛到了空中……

可怜的小虫六肢乱摆，触角乱伸。可这又有什么用呢？要想把长鼻子拔出来，就得先把爪子支撑在核桃上，可它的爪子还悬在空中呀，不管怎么乱动都够不着核桃。

我在树林里发现的这类象鼻虫都已经死了。在家里，我倒是碰到过几只还活着的，因为我每天都要去饲养箱旁观察好几回。我小心翼翼地用镊子把长鼻子从核桃中拔了出来。得救的象鼻虫把身子抖抖干净，又摇了摇触角……

才过了5～10分钟，它就跟没事"虫"似的爬走了。

产在核桃里的卵孵化出了幼虫。它没有脚，但身边全都是好吃的。只要稍微动动身子，张开嘴巴，食物差不多就自动落到嘴里了。

幼虫就这样吃呀长呀，可无论它怎么吃，核桃仁似乎都吃不完……食

物实在是太多了。过了一个月左右，幼虫发育成熟了，便在核桃里转了个身，朝核桃的底部爬去。核桃靠近花萼的那部分外壳并不是很硬实。

幼虫是怎么知道这一点的呢？谁也没有告诉过它哪儿的果壳更软呀。尽管如此，它还是爬到了合适的位置。

不过这也用不着怎么动脑筋。核桃里面的空间并不是很大，而且花萼盖住了核桃的整个基部。只要转个身把脑袋朝向核桃小屋的地板，再往那个方向爬几步路，就能找到需要的地方啦。

幼虫开始啃咬核桃壳：它打算抛弃自己的住处了。

可是它留在这小屋里又有啥不好呢？厚厚的墙壁可以抵挡天敌的攻击，而且不久后就要面临寒冷的冬天了。不！幼虫还是急着要出去。

它在核桃壳上咬出了一个小圆洞。这个小口略呈内宽外窄状，其边缘非常光滑，就好像幼虫把它打磨过似的。小口并不是很大，只比幼虫的脑袋大一点儿，而它的脑袋却只有身体的三分之一粗细。脑袋倒是可以钻过小洞，可身体就……

你也许曾经见过带小洞的核桃，或许还曾咬开过"长虫"的核桃。现在请你回忆一下：核桃上的洞有多大，里面的小虫有多粗？如果你仔细地把二者做一比较（当然，小虫和小洞不会同时出现在同一个核桃上），大概就会发现小虫对小洞来说还是太粗了点儿。尽管如此，粗粗的幼虫还是钻过了窄窄的出口。它是怎么办到的呢？

幼虫的身体非常柔软，这就是奥秘所在。

幼虫咬出了一个小洞，可以透过那儿把脑袋伸出去。它的脑袋上覆盖着一层坚固的几丁质外壳，就好像是戴着一个坚固的角质盒子。

幼虫没有脚。它那白嫩嫩的身体上连一根刚毛或一个小钩儿都看不到。它没法把自己固定在小屋的墙壁上，不过也没有这个必要。咬出小洞后能把脑袋伸到外面，这就已经足够了。

幼虫的身子一伸一缩地蠕动着，双颚因用力过度而张得大大的……瞧，身体的前端开始拉长了。柔软的身体在小小的出口处挤成一团，一点一点地从洞里挤了出去。

脑袋和胸部已经挤到核桃外边了。这一部分重新鼓了起来，变得又粗

又大……

最后再努力一把，幼虫就获得了自由。

在自然界里，要穿过窄小的缝隙或洞口并不是什么稀罕事。老鼠可以钻进塞得进脑袋的一切缝隙。伶鼬、白鼬和黄鼬也具有同样的本领：只要脑袋能先进去，要把又长又软的身体带进去就不成问题了。

我们可以猜到核桃里面发生了什么。靠着一伸一缩，一收一鼓，一拉一挤，幼虫的身体前段伸直变小。它的胸部从小洞挤了过去，一部分内脏也跟着挤了出去，另一部分则被挤到了身体后段。

然后它采取了相反的行动，把身体的中段伸直收缩，已经挤出去的部分则鼓了起来。于是一些内脏就被"压"到了外边的部分。身体中段一旦挤到外边，里面就有了足够大的空间，于是这部分也大大地鼓了起来，把身体后段的器官全都吸了过来；这样一来，后段也立刻变小了，顺势从小洞里滑了出去。

有一天，我刚好目击了幼虫挤出核桃的情景。虽说没有看到整个过程，但尽管如此……我连着观察了几个小时，终于等到了幼虫把脑袋和前胸挤出核桃的一刻。我立刻把核桃固定在早已准备好的支架上，然后把它锯了开来。

我看到了一幅精彩异常的画面。幼虫仿佛是在身体中间被勒了一圈：外边是脑袋和鼓胀的胸部，里面是末端膨大的肚皮。它看上去就像一个奇怪的"8"字：上半部分几乎是圆的，中间非常细，下半部分是一个拉长的椭圆形。

幼虫并未在小屋的门口耽搁片刻。这倒不是因为它急着赶路，而纯粹是因为它掉了出来。幼虫没有能抓住核桃壳的器官；它在果壳上一滑，就掉了下去。

从三四米高的地方掉下去！这就相当于一个人从 150 层高楼的楼顶摔下去，毕竟幼虫的体长只有一厘米左右呀！

然而它却没有摔死，甚至连一点儿伤都没有。它非常柔软轻盈，从多高的地方掉下去都没有大碍。

掉到地上后，幼虫又稍微爬了几步路。它很快就找到了一个合适的地点，于是开始在土里挖洞。

它挖呀挖，挖出了一个小小的洞穴。这就是它过冬的地方。到了春天，幼虫会化为虫蛹。再过几个星期，一只长鼻子甲虫就会破土而出了。

有时候，幼虫还没离开核桃，核桃就已经掉落了。这样一来，幼虫就用不着"从屋顶摔下去"了：只要沿着核桃壳滑下去，就立刻到了地上。

不管怎样，它总归是要离开核桃的。

为什么呢？

原因很简单。幼虫化为虫蛹，虫蛹化为成虫，而象鼻虫成虫是钻不出核桃的：它没有打洞的手段呀。尽管长着坚硬的上下颚，它却只能钻出一个小小的缺口。你可以试着用小手钻打个小洞，看看能否从里面挤过去。何况象鼻虫根本就没法"挤"：它身上还披着一层甲壳呢。

只有幼虫才能从核桃中钻出来。

幼虫到了春天才会化为虫蛹。这样看来，在核桃里过冬岂不是比在地里安稳吗？在核桃里有厚厚的防护壳，在地里却是什么都没有。先在核桃里把冬过了，等春天一到，趁着还没化蛹就钻到外面。真是个简单易行的好主意。

简单倒是简单，但好处却很少。在核桃里过冬是绝对不行的，因为落地的核桃是一个高危地带。老鼠和田鼠会把它当作美食，獾和熊也乐于享用，鸸鸟①也会在落叶中翻找核桃。这样下去，幼虫就难逃一劫了：它的核桃小屋恰好会吸引来敌人。

现在我们来谈谈橡子。

不过得先给核桃的住户和橡子的住户都起个名字。它们可以说是干着同一般坏事的难兄难弟。其中一种专门破坏核桃，另一种专门对橡子下手，由此分别得了"核桃虫"和"橡子虫"的外号。这两种昆虫都有另外的名字，读起来又长又考究。它们都姓"象鼻虫"，名字则分别叫"核桃"和"橡子"。

橡子虫的生活方式同核桃虫的没什么区别，它们的外形也非常相似，只不过前者稍小一点儿罢了。核桃虫的触角上长着浓密的短毛，橡子虫的

触角上短毛很少，而且它的触角要细一点儿。核桃虫的鞘翅缝末端竖着一些刚毛，橡子虫则没有。

不仅是春天和夏天，就连秋天也能找到橡子虫。

怎么找到它呢？你可以在树林里走一走，好好看看橡树：树上有没有虫子？林子里的橡树很多，也并不是每棵树上都有橡子虫，何况一棵树上也不可能有上千只呀。在仔细观察橡子之前，得先知道树上有没有橡子虫才行。

有一个很简单的办法可以找出藏在树枝和树叶上的昆虫。在树下铺一块帆布或毛巾，然后猛地摇一下树干或枝条，像毛虫啊、甲虫啊、椿象啊

---

① 属雀形目鹀科鹀属，小型鸣禽。——译注

之类的小动物就会从树上掉到毛巾上。如果掉下来的虫子中连一只橡子虫
都没有，那就说明这棵树上没有橡子虫。这时你就可以去找另一棵橡树了。
要是想找核桃虫的话，直接观察长着核桃的树枝就行，没必要使用上述的
办法。

　　同核桃虫一样，橡子虫也会仔仔细细地调查橡子，
从上到下都好好地看一遍。如果这颗橡子适合用来做小
屋，它就会开始在上面打洞。

　　它摆出的工作姿势同核桃虫如出一辙，工作的进度
也同样缓慢，有时候也会不小心被长鼻子弹飞。不过它
也有自己的特点。橡子毕竟不是核桃，既然住处不同了，里面的生活也会
有另一番样子，何况小屋的住户更是完全不同：每类住户都有自己特有的
习性。

　　被橡子虫打穿的橡子壳上会留下一个痕迹——一个小小的洞。小洞的
边上有一圈褐色的小环斑；在绿色的橡子上，褐色的小斑点看得一清二楚，
哪怕是橡子已经变成了褐色也看得出来。

　　橡子虫并不是随便找个地方就打洞的。它一般是把洞打在靠近花萼
（壳斗）的位置，所以你也应当在那里寻找小斑点。偶尔也有橡子虫直接在
壳斗上钻洞，但这种情况并不常见。

　　就算橡子上有橡子虫留下的痕迹，也不表示里面一定有住户。打了洞
却没产卵也是常有的事。为什么呢？原来橡子虫也完全可能自己享用这个
橡子，它吃呀吃呀，就把橡子蛀出了个洞。还有另外一种可能：它不知怎
的并不喜欢这个橡子，便把已经开了头的工作给放弃了。

　　要怎么观察橡子虫的工作呢？

　　这可不是一天内就能完成的工作。准备一个有水的饲养箱，把带橡子
的树枝和橡子虫放进去。要想看到它的工作情况，就得花上好多好多星期，

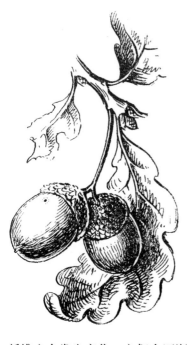

甚至还不止。如果它拒绝了你给它的橡子，那么就换一些。

橡子虫对钻洞的位置很有讲究。刚孵化的幼虫需要柔软适口的特殊食物，而这样的食物只有在橡子的底部（也就是基部）才有。那里并没有橡子里头充满的密实果肉，只有一些柔软的纤维，形成一块柔软多汁的垫子。成虫就是把卵产在这儿的。

在软垫的位置打出一条通道，还不能算是完成了任务。还得让这个软垫适应幼虫的需要才行。随着橡子的成熟，里面的纤维也会发生变化：它们会逐渐变硬。

橡子虫通常不会在已经被占的橡子里产卵。橡子被占的标志就是我们前面提到过的小斑点。不错，就算有小斑点也不一定表明已经有虫住进去了，因为橡子虫完全可能打穿橡壳却不往里面产卵。尽管如此，这样的橡子还是会被放弃：在为未来的儿女挑选住宅的时候，橡子虫可是非常挑剔的呢。

我们看到，橡子虫能将打了洞的橡子和完好无损的橡子区分开来。可是，它怎么才能知道橡子里的软垫适不适合自己的儿女，里面的纤维变硬了没呢？只有一个办法：亲口尝一尝这个软垫的味道。橡子虫也正是这样做的。

请你收集几只橡子虫和一些橡子，注意观察它们的情况。如果你看到，橡子虫钻完洞并没有伸出产卵器，那就说明没有产卵。万一你没好好看着它，那么就算后来观察到了钻孔的痕迹，也不能确定它究竟有没有产卵了。

要想知道这点倒也不难，迟早会知道的嘛。但即使橡子里有虫卵，你也没法等幼虫主动出现了：接下来的实验里得把橡子统统切开。

如果你想亲手养大几只幼虫，我倒有个更简单的办法。你可以在夏末时去捡些提前落地的橡子，仔细检查它们的样子。橡子里有虫的一个标志是小斑点，另一个标志是重量很轻。这样一来，你不费吹灰之力就能得到成熟的幼虫。

这个虫蛀的小斑点就是象鼻虫钻出通道的入口。把橡子从花萼上取下来，小心地拿一根头发或硬毛捅进通道里，试试看能不能够到通道的尽头。然后小心地从橡子上切下几块外壳，让通道暴露出来。塞进通道里的头发可以帮上你的忙，让你不至于失去了通道的位置。

你可别偷懒只切一个橡子，要切几十个甚至更多，反正能切多少就切多少。到时你就会发现，虫卵确实是产在软垫附近的。你还会发现，没长虫卵的橡子里的纤维都是更为粗硬的。

当然，你只要比较两类软垫——有虫卵的和没有虫卵的，就能了解到这个事实了。

把柔软的纤维垫子吃完之后，幼虫又开始啃食子叶了。有时候它把橡子的果仁吃了个七七八八，只留下外面的硬壳和里面的一小撮碎屑。

长了虫的橡子通常会提前落地，里面的幼虫继续发育成熟。到了秋天，它在橡壳咬出一个小洞钻到外面，然后挖到地下 20 ～ 25 厘米深处，在那里做一个小洞过冬。等到冬去春来，幼虫就化为虫蛹，不久后就变成成虫了。

不过，幼虫有时也会在地下度过整个夏天，到了冬天再进行一次

冬眠（有时甚至冬眠两次），然后才化为虫蛹。

以橡子为家的不仅有象鼻虫的幼虫，有时还有蠹蛾[①]的毛虫。要把这两类幼虫区分开是很容易的：后者长着很多脚，前者一只脚都没有。橡实蠹蛾的毛虫长着黑色的脑袋，身体略带黄色或粉红色，核桃蠹蛾的毛虫则有着橙红色的身体和黄色的头部。

蠹蛾可没法在橡子里产卵：它没有可以给壳打洞的工具呀。它把卵产在橡子的壳斗上，孵出来的毛虫会自己钻到橡子里去。等毛虫成熟之后，它就咬穿一个小口钻到外面去。与象鼻虫的幼虫不同，它打开的出口并不是圆形的，而是椭圆形的。

这些以橡子为食的昆虫都会危害橡子。被幼虫蛀过的果实自然是没法再下种了。要区分被蛀的橡子和完好的橡子非常简单：幼虫的出口便是极为明显的标志。一般来说，提早掉落的橡子都是被虫蛀过或者还住着虫子的果实，把它们收集起来处理掉就行了。

---

① 几种鳞翅目蛾类的统称，有橡木蠹蛾、豹纹蠹蛾、苹果蠹蛾等，幼虫危害植物的果实或茎秆。——译注

# 5. 卵环

———

　　天幕枯叶蛾是一种随处可见的昆虫，在林地、公园和花园里都能找到。不管是高加索还是沃洛格达①，还是乌拉尔山或列宁格勒②近郊的地方，都是它栖息和活动的场所。林业工作者不喜欢它，因为它会对橡树造成危害，园丁也要提防它去苹果树上搞破坏。它的幼虫——天幕毛虫以多种树木的叶子为食，如橡树、榆树、白桦、柳树、赤杨、稠李③、花楸④、苹果树、梨树和樱桃树等，也不介意享用山楂、荚蒾和悬钩子，但从不去破坏椴树和桦树。

　　这种飞蛾在莫斯科也能见到。

　　许多年前，我在莫斯科的一座园子里发现了一只天幕枯叶蛾。如今这个园子早已不复存在，它的原址上建起了地铁站。而在当年……那里曾有数十棵无人照料的老苹果树，上面生长着天幕枯叶蛾、忍冬尺蛾⑤、苹果叶甲⑥和小小的天牛，还有不少其他虫子。

　　蝴蝶和蛾类的虫卵、幼虫和虫蛹通常要冬眠，有时成虫本身也会。而天幕枯叶蛾只有虫卵会冬眠。这些虫卵其实很多人都熟悉，还有更多人是亲眼见过，但并不了解那究竟是什么东西。

———

① 俄罗斯北部城市，沃洛格达州首府。——译注
② 即如今的圣彼得堡，俄罗斯第二大城市。——译注
③ 蔷薇目蔷薇科李属，落叶乔木，开白色小花，在俄罗斯常见。——译注
④ 蔷薇目蔷薇科花楸属，落叶乔木，开红色小花，在俄罗斯常见。——译注
⑤ 属鳞翅目尺蛾科，小型飞蛾。——译注
⑥ 属鞘翅目叶甲科，小型甲虫，幼虫危害苹果树和梨树的叶片。——译注

到了秋冬时节，树上的叶子都落光了，相比起枝繁叶茂的夏天就更容易看到虫卵。尽管如此，还是得仔细观察才能看出来：那是一个由许许多多细小的灰色"米粒"组成的大圆环，颜色很不起眼，也不是一下子就能发现的。

天幕枯叶蛾在树冠末端的细枝上产卵。它的卵整整齐齐地绕着树枝排列，这便由数百个虫卵组成了一个特殊的"卵环"。

在有的地方，这卵环还有一个别称，叫作"布谷鸟之泪"。

为什么是布谷鸟呢？

布谷鸟有一种非常特殊的习性，与我们熟悉的其他鸟儿都很不相同。它不会筑巢，也不喂养自己的子女，它的雏儿都是被抛弃的孤儿——是"没有家"的鸟儿！

许多谚语和俗语中都反映了布谷鸟的这些特点，也有不少古老的歌谣中提到了这种鸟儿。民间文学中的布谷鸟几乎永远都是"不幸的"、悲泣的鸟儿。有被称为"布谷鸟之泪"的花，也有被叫作"布谷鸟之泪"的草，现在连天幕枯叶蛾的卵环也成了"布谷鸟之泪"。布谷鸟的叫声听着的确很忧伤，说不上有什么欢乐，但"咕咕"叫的布谷鸟其实并不是"鸟妈妈"也不是"可怜的寡妇"——只有雄鸟才会发出凄惨的"咕咕"声。雌鸟的叫声则是尖锐的"唧唧"或者沉闷的"咯咯"声，完全听不出什么悲惨的感觉。

整个冬天，卵环都留在枝头上。到了春天苹果树刚开始冒出叶芽的时候，虫卵里就会孵出毛虫。这些小虫早在上一年秋天就发育好了，只不过留在虫卵里过了冬。如果在冬天时拿针小心地挑开卵壳，你会看见里面有黑色的小毛虫。冬天里折一根带有卵环的树枝回家，放在温暖的房间里，毛虫很快就会孵出来。你可以拿苹果皮喂养它们。

出壳后的毛虫并没有四散爬走，而是依然整窝整窝地集体行动。它们在细枝分叉的地方吐丝结网，编成一个帐子来充当虫巢。白天它们会聚集在这个帐子上，仿佛是在晒太阳。要是天气不好就躲回里面去。到了黄昏时分，它们会爬到邻近的枝条上找吃的。

毛虫以含苞欲放的叶芽和花芽为食，等过些时候也会吃花朵和新生的嫩叶。

蜕皮后的毛虫会找个枝条更粗的分叉口结个新巢。

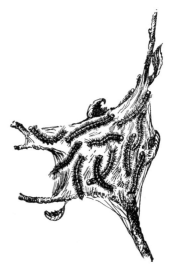

毛虫只有最初是黑色的，后来体色会逐渐变化，变成蓝灰色甚至青色，并沿着背侧长出带黑边的白色斑纹，这条斑纹的两侧以及毛虫的身体两侧还会出现橙红色的带子。每个体节上长出两丛黑色的刚毛。多好看的毛虫呀！

天幕枯叶蛾的幼虫会整窝整窝地出去觅食。它们边爬边用虫丝在身后留下一道不易被破坏的痕迹。每条毛虫的痕迹并不很大，只是一条依稀可辨的"小路"。但是，树枝上爬行的可远远不止一条毛虫呀，它们的虫丝合起来就不再是"小路"了，而是一条丝织的"康庄大道"。吃完东西后，毛虫大军便沿着虫丝返回巢穴。

请你抓一只毛虫回家，把它放在树枝上。它爬了一会儿就准备开始吐丝。这时赶紧拿放大镜凑到跟前观察。

注意看毛虫的头部和嘴巴。它的"下巴"吐出了虫丝，整条虫越往前爬，虫丝就拉得越长……虫丝是由特殊的丝腺分泌的，丝腺的开口位于下唇的突出部上，而下唇又从下方把嘴巴盖住了。

虫丝小路非常重要：它指示着回家的道路。万一虫丝消失了，回家的路就找不着了，因为虫巢离吃东西的地方很远嘛。何况就算虫巢在附近也没什么用。

毛虫的视力非常糟糕，完全可以说是只看得见"眼前的东西"。

想看看"小路"消失后会发生什么事情吗？

做这个实验其实很简单，也不需要什么复杂的设备：只要找把硬质的刷子（最好是铁丝的）就行。但别在家里、饲养箱里或剪下来的树枝上实验：那样形成的"小路"太短了，很没意思。你该在园子里的树上观察"小路"消失后的情况。

快要成熟的毛虫通常把巢筑在粗树枝的分叉处，而粗树枝一般不会长在离地很高的树干上。而且这里也离树叶茂密的地方比较远，对于实验非常有利：虫巢离觅食处的叶子越远，连接二者的道路就越长，实验也就越有意思。

瞧，毛虫的巢穴就在那儿。这巢很大，一只手里放不下。毛虫们就趴在它的表面。它们数量很多，大概有一百来只。虫巢与树枝之间有一条由虫丝铺成的宽宽的道路，不时还有毛虫从上面爬过……

时候还早，可以在树下继续等，也可以先离开一会儿。毛虫们用餐的时间可不止一两个小时那么短。

它们眼看着就不见了，都沿着树枝爬走了。先是从大路（也就是粗树枝）走，然后分散到了旁边的小径（细树枝），最后由小径来到了树叶上。

现在你可以取下虫巢了。仔细地用刷子把那里的树枝清理干净，并把沿途的树枝都打扫一遍，好让虫丝的痕迹消散无踪。可别偷懒，一定要好好处理掉虫丝哦。

要清理离虫巢多远的"小路"呢？能多远就多远。不过，其实只要处理掉离虫巢最近的分叉处的"小路"就够了。

时间到了，吃饱的毛虫们开始返回虫巢。等它们爬到道路消失的地方时，前面的毛虫便停了下来，抬起脑袋四处张望，看上去就像是失去了猎物踪迹的猎犬，而后面的毛虫还在往前面的身上挤，场面一片混乱。

这里离分叉口并不远，毛虫们最终还是爬到了原处，但虫巢已经不见了。

毛虫吐出的丝线非常纤细，单单一条丝线在树皮上，不用放大镜都根本看不到。虫巢的原址上有无数条细丝覆盖在树皮上。要是清理得很认真，把树皮上的痕迹全都消除掉，让整个虫巢都不留半点儿痕迹，这样自然最好。可万一留下了一丁点儿虫丝，情况又会怎么样呢？

爬到虫巢的原址时，毛虫们碰到了残留下来的几根虫丝。不管是"小径"还是"大道"，其实残留下来的痕迹没有什么不同。毛虫寻找着"痕迹"，且很快就找到了。于是它们开始在那上面爬动：残留下来的几根勉强可辨的虫丝则支撑着它们。

事实上，它们可不单单是在爬动，而是边爬边吐丝。当它们在分叉处来来回回的时候，树枝间便会渐渐拉起它们吐出的丝线。虫丝"铺设"得越密，支撑能力就越强。

最后，一个新的虫巢在原址上搭了起来。

有的时候，毛虫们从消失的巢穴旁经过，继续向前爬去。它们吃得饱饱的，不想作长途旅行，于是随便找个地方停下来就开始吐丝结巢。

还有的时候，毛虫们会四散爬开。这种情况通常发生在成熟的毛虫身上：它们在化蛹前会失去群聚的本能。

要是天气不好，毛虫就不会离开虫巢。可要是坏天气一直持续下去又怎么办呢？它们会忍饥挨饿多久？要到什么时候才会饿得受不了，冒着坏天气爬出去找吃的?

在晴天里,毛虫会挑日光猛烈的时候爬到虫巢表面晒太阳,在比较凉爽的早晨就躲在里面,遇到雨天也会躲进去。

那么,如果趁毛虫正晒太阳时,拿点儿水洒在它们身上,它们又会怎么行动呢?

天幕枯叶蛾幼虫生活在露天之下,它们体色鲜艳,在黑色的树皮上群聚起来老远就能看见。这等于是把现成的美餐装好盘端到鸟儿面前:"喂,快来吃吧!"可是,鸟类并不怎么喜欢吃这种毛虫。

明白人自然就懂。生活在露天之下,体色又很鲜艳,这说明它的味道不怎么样。鲜艳的体色是一种警告:"别碰我!"

毛虫长得越大,吃得就越多。它们会把叶片啃光,只剩下叶柄和最粗的叶脉。过了一个半月左右,毛虫完成了最后一次蜕皮(第五次),就算是发育成熟了。

虫巢空了。毛虫们四散爬走,各自去寻找化蛹的地方。许多幼虫离开了出生的大树,爬到了附近的树上,有时要爬很久才能找到合适的地方。

化蛹的地点终于找到了,于是毛虫吐丝把一片大叶子(或好几片小叶子)的叶缘连在一起,编织出一个双层的虫茧。它的外层蓬松透光,里层则非常密实。毛虫就在虫茧里化为了虫蛹。

一两周后,成年的天幕枯叶蛾便破蛹而出。在莫斯科近郊的地方,这一事件通常发生在 7 月,有时在月初,有时在月中,主要看当年春夏两季的情况而定。

天幕枯叶蛾说不上有多好看。它体形不大,展开翅膀的宽度也只有 3 ~ 4 厘米,身体呈棕黄色,前翅上有两条暗色的横纹。雄虫比雌虫小得多,没有那么肥胖,触角是梳子状的。

你可以把刚破蛹的雌虫放进饲养箱、带纱罩的盒子或罐子，纱布袋子也成。到了晚上，把容器放在桌子上并打开窗子，看看会发生什么事情。

以前我也曾做过这个实验。我家的园子里有几窝天幕枯叶蛾，我便捉了几条幼虫。为了省事，我捉的都是即将化蛹的幼虫。

雄虫的破蛹时间比雌虫早一两天。

我非常用心地关注虫蛹，以免错过了飞蛾破蛹的时候。我每天都要仔细检查一下装着虫茧的罐子。

雄虫开始破蛹了。我把它们拿到园子里放走了。

第一只雌虫孵出来了，我把它转移到饲养箱里。到了晚上，我才打开窗子没多久，房间里就飞来了好多雄虫。它们也用不着飞多远：我的窗子离园子不过二十多步的距离。

它们成群结队地在饲养箱旁飞舞，不时停到上面，沿着桌子爬了一阵儿，飞走后又重新飞回来……

我烦透了这套乱哄哄的样子，便把饲养箱移到了更远的角落。结果雄虫们又一窝蜂飞了过去……

这下子它们开始在整个房间里乱窜了。

我剪掉了几只雄虫的触角。有些全剪掉了，有些剪了一侧，还有些剪了一半。于是我观察到了下面的情形：丢了触角的雄虫变得蔫蔫儿的，只是在桌面上爬着；我吓唬了它一下，结果它飞到了墙上。又吓唬了一次，这回它飞到了柜子上。

"现在你可怎么办呢？"我心想，于是把手掌伸到飞蛾跟前，小心翼翼地把它赶到手掌上。我的手刚刚碰到飞蛾的翅膀，它就钩住了手上的皮肤。

我走到窗前，拿手掌的侧面轻轻地敲了敲窗台。飞蛾掉到了窗台上，在那儿爬了一阵儿，够到外缘后就拍拍翅膀飞走了。

后来我就再没见过它了。

只剩一边触角的和触角被剪短的雄虫表现得与平常没什么不同，它们依然能飞向饲养箱，在它的表面爬行。

昆虫的嗅觉器官通常位于触角上。某些蛾类雄虫的嗅觉特别发达，在数百步外就能闻到雌虫的味道。这类雄虫的触角通常是羽状或梳子状的，其表面积比一般的触角大得多。而天幕枯叶蛾的触角正是如此。

剪掉雄虫的触角就等于去掉了它的嗅觉器官。它失去了闻味道的能力，而味道又是它从远处寻找雌虫并在相遇时进行辨别的依据。

天幕枯叶蛾不进食，活不了太久，也没有什么怪脾气。你可以把雄虫和雌虫放到饲养箱里，加一根苹果树或其他树木的树枝，雌虫便会产下卵环。

说到这里，差不多可以结束天幕枯叶蛾的话题了。不过最后还有一个小故事。秋天，我们收集了一些卵环，想孵出毛虫，但里面有些虫卵始终没有破开。毛虫早就成熟了，该是化蛹的时候了，可还是有些虫卵保持着"完好无损"的状态。

打开几个"完好无损"的虫卵，你会发现有的里面是死掉的毛虫，还有的空空荡荡，一无所有：胚胎不知怎的没发育起来。也有一些卵里是一个小小的虫蛹。

这其实是赤眼蜂的虫蛹。赤眼蜂是一种非常小的膜翅目[①]昆虫，其雌虫在暮夏时把卵产到天幕枯叶蛾的虫卵里，孵出来的幼虫以宿主虫卵里的物

---

① 有翅亚纲下的一个目，因膜状的透明薄翼而得名，成员多为蜂类和蚁类。——译注

质为食。

一只雌性赤眼蜂可以摧毁几十个天幕枯叶蛾卵，而天幕枯叶蛾的幼虫会破坏树木。所以说，小不点儿的赤眼蜂是一种益虫。

想保护苹果树免受天幕枯叶蛾幼虫的破坏吗？那就好好对付它们吧。办法其实不难，很容易就能想到。卵环和虫巢正是天幕枯叶蛾最大的弱点。只要把长了卵环的树枝剪下来烧掉，或者把虫巢上的毛虫抓起来清理掉就行了。在一个不大的园子里，这项工作只需几小时就能完成。

最后还有一个小小的提醒：别直接用手去抓天幕枯叶蛾的幼虫，它们身上的刚毛会刺激到皮肤。

# 6.过冬巢

风雪大作。大树被吹得弯下了腰，干枯的枝条纷纷折断。树上的叶子哪儿还有藏身之处！尽管如此，冬天的枝条上还是留下了一些顽强的叶子。

你瞧，那棵苹果树上还有几片叶子。那是些翻卷的灰褐色枯叶，在枝头上哗啦作响，转个不停。大风吹得它们瑟瑟发抖，但就是没法把它们扯下来。

风想必是气坏了：吹得那么用劲，叶子都翻到枝条的另一面去了。尽管如此，这些叶子怎么都掉不下来，就好像是被缝在了树枝上似的。

叶柄早就飞落坠地，叶子却还留在枝头。那它是靠什么挂着的呢？

应该是靠虫网吧。除了虫网外，还有什么能把叶子连在树枝上，随风狂舞呢？

猜想需要检验。可以爬上树去看看，也可以用长棍子把树枝带叶子一块弄下来。找根竿子，在一头斜着钉一枚钉子，就能用它钩住树枝了……

叶子的确是靠虫网挂着。瞧，这就是虫网上拆下来的一小段粗粗的丝线。翻卷的枯叶的边缘也被虫网联结着，两片叶子紧紧地挨在一起。

有谁住在叶子里吗？还是只不过是些空叶子？也许这并不是过冬的"屋子"，而是人去楼空的"度夏别墅"？

干枯的叶子非常脆弱，把它弄碎比展开要容易得多。

叶子里是一张虫网，还有许多白丝结成的非常细小的茧子。

总不能在外头的寒风里研究这些茧子吧。你先回到家里，拿根大头针小心地把茧子挑开，发现里面有条小小的毛虫。第二个、第三个、第四个茧子里也都是同样的情形……

这样一来，我们就解开了翻卷的叶子的谜团。它是过冬的屋子，里面住的是小毛虫。不过这些毛虫究竟是谁的孩子呢？

夏天，花园里飞舞着一种大大的白蝴蝶。它的翅膀上既没有斑点也没有条纹，但透过一层鳞粉可以清楚地看见密布的深色脉络，搞得它看上去就像被磨坏了似的。这种蝴蝶的名字叫山楂粉蝶。

山楂粉蝶经常在花朵上逗留，吸取甘甜的花蜜为食。它有时也会停在树叶上或草丛里歇脚，还会出现在苹果树、梨树和花楸树上：雌虫要在这儿完成一个最重要的任务，那就是产下一堆堆卵，每堆起码都有 50 个卵。

虫卵里孵出了小小的毛虫，它们所在的叶子便兼具了屋子和食物的功能。

毛虫吐出了细细的丝，用丝把两片相邻叶子的边缘连在一起，又用它把叶子固着在枝条上。一只毛虫吐出的丝非常细，肉眼几乎看不到，但它们胜在"虫"数众多，数十条细丝合在一起就成了条粗粗的丝线了。这么粗的丝线足以将叶子牢牢地固定在枝条上。

毛虫还用丝为自己织了条"小被儿"。它们出生的头一天就把被子织好了，完工后才去吃东西。被子就是毛虫的庇护所，在织好之前它们是不会吃东西的。毛虫的食物是苹果树的叶子，一日三餐吃的都是这个。

食物随时都有，只要低下脑袋就能吃到了。裹在被子里的毛虫啃掉了柔软的部分，然后再转移到另一个地方，丝线也越拉越长了。叶子渐渐干枯变薄，开始翻卷起来，而毛虫的被子却织得越来越厚了。

它们是不是知道"凛冬将至"呢？不，它们其实什么都不知道。不管是吐丝、结网还是织被子，这都是毛虫的习性而已。不过正如你所见，这种习性是相当有用的。

日子一天天过去，毛虫吃呀吃，织呀织……

到了 8 月，毛虫不再吃东西了。它们生活的两片叶子皱了起来，卷了起来。叶子由虫网联结，牢牢地附在枝头上，形成了一个小袋子。袋子里是一层好似衬里的"小被儿"，毛虫就生活在被子与叶子之间。

如今，停止进食的毛虫从"小被儿"下钻了出来，开始在袋子里编织"小摇篮"——用虫网织成的小口袋，就这样形成了一个个虫茧，每个里面都有一只山楂粉蝶的幼虫。

真是个过冬的好地方！里面又暖和又柔软。最外头是叶子组成的袋子，里面还有暖和的衬里，也就是丝线编织的垫子。这个叶子小屋能在枝头上熬过整个秋天和冬天，山楂粉蝶幼虫也就在里面美美地睡上一整个秋天和冬天的觉。

冬去春来，花芽绽放，毛虫醒来了。它们从虫茧里钻出来，离开了自己的小屋。

饿了一整个冬天的肚子，毛虫们贪婪地啃咬着叶芽，几十片未来的叶子就这样毁于一旦。等新生的嫩叶长出来之后，它们就把新叶当作口粮。叶子越长越大，毛虫也越长越大。啃食大叶子的已经是成年毛虫了。

夏初，毛虫直接在树上化为虫蛹。过了两周之后，花园里就会出现白色的山楂粉蝶了。

如果蝴蝶比较少，往往就不容易注意到。但如果之前有很多毛虫，你就肯定不会看漏了。这并不只是因为花园里飞舞着成百上千的白蝴蝶，而是还有另一个值得注意的迹象。

当山楂粉蝶破蛹而出时，它会分泌出一滴血红色的液体。如果一棵树上孵出了很多蝴蝶，看着就有一种"鲜血四溅"的感觉。要是下了雨，树上还会滴下血红色的水滴，淌下血红色的水流。真可谓是"腥风血雨"啊！

以前有些迷信的人，非说这种"血雨"是从天而降的。他们认为这是大大的不祥之兆。

迷信的人被"血雨"吓得魂飞魄散，可是他们忽略了一个问题："血雨"只会出现在某几棵树的下面。比如说你站到苹果树下，看到了"血雨"。可当你走出来站到雨中时，就什么灵异现象都没有了：雨不过是普通的雨，哪来的什么"血雨"？如果你在枞树下躲雨，树枝上滴下的仅仅是清澈的水珠，只有转移到苹果树下，才会有"血雨"滴下来。

冬天到了，小小的毛虫躲在枯叶缝成的小口袋里，在枝头上摇来晃去。丝织的被子和虫茧……莫非真能抵御凛冬的严寒吗？

如你所见，确实能够抵御。要检验这一点也很简单。请你去找一个山楂粉蝶过冬的小屋（"过冬巢"），把虫茧从里面取出来。将其中一些保持原样，大冷天地放在外面。另一些小心地挑开，从里面拿出毛虫，让它们"光着身子"留在外面。必须把一些毛虫放在光照下（模拟树枝上的环境：那里光照很充足，四面都是亮堂堂的），另一些放在阴影里。

很快你就能看到会发生什么。不过请记住：必须保护虫茧和毛虫不被山雀和麻雀等小鸟儿吃掉，别忘了老鼠也会捣乱。

山楂粉蝶是一种害虫。如果春天花园里长了很多毛虫，今年的苹果就甭想有好收成了。"血雨"有时确实可能是"不祥之兆"：它预兆着这棵苹果树上结不出多少果子。

怎么办呢？要怎么保护树木呢？

秋天，树上的叶子都落光了，而"过冬巢"还留在上面。枝头光秃秃的，一眼就能注意到它们。山楂粉蝶幼虫的整个"军团"都在这些"巢穴"里。要做的很简单，把"巢"从树上摘下来烧掉就行了。既然"巢"不复存在，花园里也就不会出现毛虫啦。

"巢"会在枝头上挂一整个冬天。但你可别这样想："春天还远着呢，不急。"这事容不得拖延。因为有的"巢"会被大风吹落到地上，里面的毛虫在积雪里过了冬，一到春天又爬回了树上。尽管这样幸存下来的毛虫很少，但花园中终归会冒出几只来。

要想把"过冬巢"从树上弄下来，只需准备一根足够长的竿子，在一头安上铁丝耙子或圆形的铁丝网。用竿子钩住"巢"，轻轻一拉，它就从树上掉下来了。取的时候要当心，别弄脱了，记得把地上的"巢"全都收集起来。

秋天和冬天，花园里飞来了一群群山雀。这些饥饿的鸟儿把所有的树都翻了个遍，自然也不会漏掉"过冬巢"：它们把"巢"搞得七零八落，从里面拖出虫茧和毛虫吃掉了。但你也不能全指望这些山雀，自己却袖手旁观。如果山雀不来呢，或者来了却没在花园里逗留呢？何况它们啄开"巢"时该有多少虫茧掉到地上和积雪里呀……更靠谱的办法还是自己去把"巢"摘下来烧掉。

到了春末，山楂粉蝶的幼虫已经各自独立生活了，只有蜕皮的时候才一起聚到树杈上。它们身上满是绒毛，还有红色或接近橙色的纵向条纹。

鸟类并不乐意攻击这些十分醒目的毛虫：从鲜艳的"警戒色"可以看出，这并不是什么可口的美食。

山楂粉蝶的虫蛹围着一条丝线的"腰带"，在树枝上和树干上都非常显眼。有的时候，许多毛虫在化蛹前都爬到了同一个地方，那就会形成整整一堆的虫蛹，从很远的地方就能看见。尽管如此，鸟儿还是很少去啄食这些虫蛹：它们也有警戒色——浅色的背景上分布着醒目的黑色斑点和橙色斑点。

你可以看看从树上的不同位置取下来的虫蛹。不难发现，它们的"背景色"并不总是相同。有的浅一点，有的深一点，有的灰一点，有的白一点，还有的绿一点。这些颜色变化完全取决于毛虫化蛹的位置。

如果它是在树枝上化蛹，结出来的蛹就有点儿发灰；如果它是在绿色的嫩枝或叶柄上化蛹，结出来的蛹就会带点儿黄色或绿色。

请你捕捉几只成熟的山楂粉蝶幼虫，把它们放在不同颜色的背景上化蛹：红色、蓝色、黑色、白色、绿色、相间色……看看会结出什么颜色的虫蛹。

有的时候，你在树上发现的并不仅是两三片挂在丝线上摇摇晃晃的叶子。在树枝的末端或细枝的分叉处，可以看见整整一团被虫丝缠绕起来的叶子。

这是另一种昆虫——褐尾蛾的"过冬巢"。

褐尾蛾是一种夜蛾。白色的身体长满绒毛，肚子末端有鲜艳的金黄色条纹。雄虫的触角呈羽毛状。根据肚子末端的黄色或红褐色斑纹，可以很容易地将外

形相似的褐尾蛾和柳毒蛾区分开来：后者也是一种白色的夜蛾，盛夏时分常常在柳树和杨树周围飞舞，有时甚至会出现在大城市中。

褐尾蛾"过冬巢"的外观和内部结构都与山楂粉蝶的有所不同。它由 6～8 片叶子组成，用虫丝紧紧地联结起来。巢穴内部有许多虫丝编成的小房间，里面生活着幼虫。这里没有虫茧，幼虫们仿佛是住在公共住宅里，每个房间里都有许多"住户"。

一个巢穴里通常有两三百只幼虫。

从生活方式上看，褐尾蛾幼虫和山楂粉蝶幼虫非常相似。到了春天，它们就从"过冬巢"里钻出来，先是啃食树木的嫩芽，然后吃成熟的叶子。

并不是所有鸟类都会把褐尾蛾幼虫当作食物。幼虫黑色的身体两侧排列着两行小白点和两行红色的瘤子，瘤子上长着一丛丛刚毛。身体末端有两个很大的橙色斑点。这可不是普通的斑点，万一幼虫受到了惊扰或刺激，它就会膨胀起来，变成一个小肉丘。上面提到的斑点是毒液腺的出口：里面会喷出腐蚀性的液体。沾到毒液的刚毛就具备了毒性。要是把这样的毛虫抓到手里，手上的皮肤就会发红、发痒、起肿疱的。所以，你可千万别直接用手去抓褐尾蛾的幼虫。就连它们的"过冬巢"都可能让手红肿起疱。

鸟儿又怎么会喜欢这样的食物呢？尽管

如此，也有些鸟类爱吃这样的虫子。比如山雀会拆开"过冬巢"吃掉里面的幼虫，布谷鸟也捕食各种长刚毛的毛虫。

褐尾蛾的幼虫会危害许多种落叶树。它的成虫也会在花园里、公园里和新栽种的植物上大搞破坏。

要保护花园免受它们的危害并不困难：只要把"过冬巢"清理掉就行了。

# 7. 卷叶象

林子附近的空地上有几棵白桦树。它们生长的地方离林边只有几步之遥，仿佛是逃出林子时被什么吓了一跳，就这样待在原地不动了。

这些白桦树上每年都生长着一些小小的甲虫。这种虫子个头很小，很难被注意到，但会用一种特殊的方式来引起人们的注意。

除了正常的叶子，树上也能看到一些卷曲成管状的叶片。这些叶子并不是整片卷起来，而是在叶柄附近保持着原来的形状，叶缘则像两片向上翻起的古怪翅膀。

这样看来，用"管子"来形容这种叶子并不是很合适，倒不如说像是被拉长的漏斗形小纸袋，也就是说，它的开端非常狭窄，到了末端却变得十分宽大。

把"叶袋"拆开看看，你会发现一个奇妙的地方：它既不是粘成的，也不是缝成的。整个"叶袋"在卷得最紧的末端连在一起，却找不到打包的痕迹，好像是"自然而然"形成的构造。但这只是表面现象而已，接下来我们就一探究竟。

把叶子展开并抹平，可以看到两条弯曲的切口。它们的位置很靠近中部的主叶脉，其中一条就像拉长的拉丁字母 S，另一条则歪歪扭扭、很不规则。叶片的翻卷正是从切口以下的部位开始的。

制作这个小叶袋的工匠就在附近，而且这树上还不止一个。那是一只黑亮黑亮的小甲虫，比火柴头稍大一点。它的头部拉长呈象鼻状，根据这个特征可以立刻把它认出来。这种昆虫叫作卷叶象（同样是象鼻虫的一种）。

卷叶象的全名是黑卷叶象或白桦卷叶象。它能把叶片卷成管子，所以叫"卷叶象"；身体是黑色的，所以叫"黑卷叶象"；通常生活在白桦树上，所以又叫"白桦卷叶象"。不过，它也不介意在赤杨树上安家，有时还会跑到橡树、榛树、稠李树、椴树和白杨树上。我不清楚卷叶象在这些树上是怎么活动的，因为我只曾在白桦树上观察到它们的行为。

其他观察者描述的也都是白桦树上的情形。于是我脑海中浮现了一个诱人的念头：去观察榛树或橡树上的卷叶象是怎么切割叶片并制作小叶袋的。

试试看吧！

只要稍稍一碰，卷叶象就会收起六条腿，从叶子上掉下去：这是它的一种自卫手段，确切地说是遇险时的逃跑手段。这种小虫子非常容易受惊，即使只是从身上掠过的影子也会把它吓得掉到地上，所以观察它的工作是项艰巨的任务。你得走到很近的地方，把脸凑到叶子跟前一动不动地观察，而且还得站好长时间——这可不是几分钟就能搞定的。只要不小心动一下就完蛋了：卷叶象会立刻从叶子上掉下去。它再也不会回去了，于是只能从头开始。看了一会儿，结果它又掉了下去……观察卷叶象可真是件锻炼耐心的活儿呀！

不过，这只是刚开头时的情况。等吃了几天苦头之后，你就渐渐懂得如何跟卷叶象打交道了，观察也会变得轻松一些。当然，小心谨慎的原则还是不能忘的。

你可能会想：要是把卷叶象抓回家里，放在饲养箱里观察，这岂不是简单多了吗！只要坐在桌旁盯着它就好了。然而，这个制作小叶袋的工匠非常刁钻古怪，带回家可是会惹出不少麻烦的。

原来，并不是每片叶子都能满足卷叶象的要

求，但它选择叶子的原因并不总能说清楚。比如这两片长在一起的叶子吧，它们看上去一模一样，都很不错，可卷叶象为什么选了这一片，而不是那一片呢……卷叶象挑选叶子时有些特殊的"条件"，而且还相当苛刻：它绝不会随便碰到一片叶子就开始干活。

如果你能在白桦树旁静静地站几个小时，就能从头到尾观察到卷叶象的工作。也许你看到的并不是同一只卷叶象的情况，但这又有什么关系呢？它们的工作过程其实都差不多嘛。有一回我就这样站在白桦树边，从特别近的距离观察叶子。一只卷叶象在叶片上爬行，先是在正面待了一会儿，然后就钻到背面去了。它并不是想往哪爬就往哪爬，而是按照某种特殊的"规律"在爬行。起初我还没注意到这一点，但等卷叶象从第一片叶子爬到邻近的叶子上时，我才发现：它在第二片叶子上的爬行路线同之前的简直分毫不差。

叶子选好了。卷叶象爬到了它的正面，再转移到叶缘部位。它开始动手切割叶片，但我只看到了个开头。

在我背后不知什么地方，突然冒出了一只燕雀[1]，它竟然没发现静悄悄站在那儿的我。应该是从林子边缘飞过来的吧。这只鸟儿没有落到白桦树上，而是在飞行中转了个大弯，朝另一个方向冲了过去，这时我才注意到它。但与此同时，卷叶象也发现了我和燕雀。不知是因为鸟儿的影子从叶子上掠过，还是因为飞行时带起的风惊动了它，反正卷叶象又从树上掉了下去，而燕雀也不知飞到哪去了。

再过 5 ～ 10 分钟，卷叶象又会回到白桦树上：它先在地上躺一会儿，看着没事了就爬起来，张开翅膀飞回树上。可它再也不会回到原来的叶子上了，一是找不到，二是本来也不会去找。我只好去找一片新的叶子和一

---

① 雀形目雀科燕雀属，小型鸟类。——译注

只新的卷叶象。

　　要在绿色的背景上发现黑色的小虫并不困难，对擅长观察的眼睛来说就更加简单。我一眼就看到了好几只卷叶象，便打算从其中选一个。这几只小虫都已经干了一段时间，叶子上都出现了切口，只不过有的切口长一点，有的短一点罢了。不过，既然我已经看过了工作的开头，而且以后还要看到（不是今天就是明天），那干脆选一只最容易观察的吧：我在与双眼平齐的地方挑了一只卷叶象。

　　我选的卷叶象已经差不多要切到叶子的中部了。它以极小的步子迈动着六条腿，长长的"鼻子"几乎没有离开过叶面。它前进的速度特别特别慢，就算一直盯着它也看不出有挪动的迹象。只有先把目光移开十来分钟，然后回头再看一眼，才会发现它稍稍向前爬了一点儿。

　　叶面上除了叶脉并没有其他标记，但卷叶象仿佛能看到一条清晰的小路，便沿着它一直前进。

　　卷叶象"长鼻子"的末端长着一对颚。它的双颚好像一把小剪刀，帮助它剪开叶片。就连眼最尖的人也很难看清它们的工作过程，因为它们实在太小了。不过，我们能看到切口变得越来越长。

　　卷叶象做出的切口一直延续到正中的叶脉。

这就是前面提到的第一条切口，又长又弯扭，看上去像是被拉长的字母 S。

等前进到正中的叶脉后，卷叶象就不再啃咬叶子了。它转了个身，开始朝叶柄的方向移动。它沿着主叶脉慢慢地爬行，并在身后的叶肉上留下了一道痕迹，有点儿像抓痕，又有点儿像沟痕。随后，卷叶象在主叶脉上留下一道切口，又从那儿向另一端的叶缘爬去。

它又开始切割叶片的工作，但这次的切口已经和之前不同了，是一条歪歪扭扭的斜线。

切割完成了。卷叶象慢吞吞地往回爬到叶脉的中部，一边爬一边用前腿触摸切口的边缘。看到这个情景，你大概会想："这是在检查自己的工作成果呢。"

老实说，上面这些是我观察了好几只卷叶象后综合得出的结果。第一只我看到的是刚开头的情况，第二只是收工时的场景，第三只在沿着主叶脉犁沟，从第一道切口爬向第二道切口，第四只正忙着切第二条口子，第五只……

完成第二道切口后，卷叶象就开始卷叶子。

它爬到第一道切口所在的叶缘，用一侧的爪子抓住叶缘，另一侧的爪子紧紧钩住叶面，开始用力地把叶缘拉向自己。叶子开始朝它的方向卷动，形成了一个小圆筒。

假如这是一片富有弹性的新叶，卷叶象就很难完成这项任务。但是，它已经在叶片上开了两道口子，把许多细小的叶脉都切断了，又在主叶脉上留了一道切痕，使叶子受到了损伤。此外，这片叶子稍稍有点儿干枯，里面的水分所剩不多。虽然表面上看不出来，但叶片的弹性已经大大降低了。

卷叶象在叶面上稍稍挪动，不停地把叶缘往自己身边拽，卷出来的小圆筒也越来越大。

这是一项又困难又持久的工作：要把叶片的一半都卷过来并不轻松。我们可以把卷叶象的体积与一半的叶子面积做个比较。这就好比让你去卷一块面积为 125 ～ 140 平方米的巨大漆布。此外还有一个常常被人忽视的重要条件：卷叶象工作的地方

是挂在树上的叶子，也就是在一个垂直的平面上。这跟在水平平面上的工作不可同日而语。

叶子的半边卷好了，变成了一个喇叭状的狭长"袋子"。

然后卷叶象爬到了叶子的另外半边，同样是把叶缘往自己身边扯，让这半边包住已经完成的"小袋子"。这就形成了一个裹了好几圈的"外包装"，看上去层层叠叠的。

把整片叶子卷好之后，卷叶象钻到了里面。我知道它在里面搞什么名堂：产卵。

不过，它的工作其实还没有完成。卷叶象再次从里面爬出来，又拉着叶缘把"小袋子"包得更结实了。它的双颚把最外面的一层（也就是叶子的尖端）咬得紧紧的。这样一来，如同缝上了一道看不见的针脚，"小袋子"变得更加牢固。这层加固非常强韧，通常能防止卷叶重新散开。另外，随着时间流逝，叶子枯萎得越来越厉害，它的弹性也就越来越弱。

大功告成！现在卷叶象可以歇会儿了。然后还有新的叶子等着它去切口，要去包装新的"小袋子"……

在结束卷叶象的故事之前，我们再讲讲它的幼虫。

卷好的叶子挂在树上，只靠被咬过的叶脉纤维与树枝相连。这种连接很不牢固，很快叶子就会从枝头掉到地上。幼虫在落地的叶子里孵化生长，等叶子干枯后就在叶肉里咬出几条通道：我们可以说这是在叶子里"挖地道"。到了化蛹前夕，它就会离开原来的住所，钻到地下化蛹去了。

这样看来，幼虫的故事简单得不能再简单了，相比之下，卷叶象妈妈的辛劳就显得有点儿奇怪：费了那么大功夫，却只是为了幼虫能在枯叶里咬出蜿蜒的通道，这是多么不可思议呀。

单单在一旁看着未免有点儿无聊，要是能亲自参与其中就更好了。在观察昆虫或者其他动物的行为——哪怕是最简单不过的行为时，总会有个念头在诱惑："如果我怎么怎么做，那又会发生什么呢……"可是这个"如果"里，却隐含着许许多多的奥秘……

"如果……"后面的具体内容是什么呢？当然不能随随便便地提出假设，而应当是经过深思熟虑，有了确定的目标才行。这样一来，"如果"就不再是稀奇古怪的想法，而是真正的科学实验的开端啦。

卷叶象的例子中也是如此。我脑海中产生过许许多多的"如果"，我也做了许许多多相应的实验。我不打算全都讲一遍，而只是举几个例子。这些实验帮我更好地理解了卷叶象的行为。

叶子上的切口是否一定要跟卷叶象所做的一模一样呢？

我找来一片刚刚卷好的叶子，小心翼翼地把它打开展平，然后从一堆白桦树叶中挑一片与它分毫不差的叶子。我把带切口的叶子叠在完整的叶子上，再照着这个"图样"用剪刀剪出相同形状的切口。

我试着把剪好的叶子卷起来。由于长时间地观察卷叶象，我已经能模仿它们的工作了。我捏着叶缘朝自己的方向拉。拉倒是拉动了，可是……并没有卷成预期的圆筒，这样一来也就无法"包装"了。我又试着用手指卷动叶子，但这样就根本用不着切口了，直接把整片叶子卷起来都不成问题。

连着报废了好几片叶子，我终于悟出了问题所在：我干得太快了。卷叶象做切口的速度非常缓慢，叶子在这期间会稍微变皱一点儿。尽管只是失去了少许弹性，但卷起来总归还是容易些了。而我只花了两三分钟就用剪刀开了口子，叶子依然富于弹性，自然也就不听我的"使唤"了。

卷了十来片叶子之后，我也掌握了其中的诀窍。接下来就可以检验前面的猜想了。我不再按着"图样"，而是靠目测剪出切口，有直的，有弯的，也有像拉丁字母 S 但位置不同的。我做的这些切口与卷叶象的并不相同。

开始卷叶子了。事实证明，这样的叶子根本卷不起来，就算是凑合弄出个外观差不多的"小袋子"，但只要我一松手，它马上就散开了。无论是放在桌子上还是悬着叶柄吊起来都毫无作用。

由此可知，切口必须完全按着卷叶象的方法才能把叶子卷好。

有数学家对卷叶象的工作产生了兴趣，他们经过研究发现，做出特定形状的切口其实相当于解答一道复杂的数学难题。如果解答正确，卷好的叶子就不会散开。这道题可不是虚构的，而是有着真实的存在依据。它的内容听着可吓人了，在此也不必详细解释了。简单来说就是："根据给定的渐开线画出相应的渐屈线"。

卷叶象当然不懂得高等数学，也不晓得怎么用复杂的公式和计算来解题。它的能力是许多代祖先长年累月接受自然选择和实践练习的产物。经过漫长的演变之后，这种习性最终稳定下来，形成了一种本能，或者说是"与生俱来的能力"。

那么，卷叶象能不能继续被打断的工作呢？不错，它万一落地就回不到原来的叶子上了，但要是让它留在同一片叶子上，再把它的工作打断，那又会发生什么呢？

我拿了一根试管，往里面加了个软木塞，就做成了个约一厘米高的小罩子。顶端是塞子，侧壁是试管的玻璃。

我小心翼翼地用手掌去扶叶子的背面。卷叶象没注意到我的举动，依然在正面忙活着。然后我开始静悄悄地把手掌翻过来，将叶子稍稍抬起：我要把叶片扶到水平的位置。为什么呢？为了防止卷叶象掉到地上嘛。

这看起来简单，实际上却搞砸了：卷叶象还是掉了下去。好吧，那也没办法，只好去找另一片合适的叶子呗。

终于成功啦！我用试管罩住了卷叶象，它六脚一收就翻身不动了。我耐心地等着：这样的"昏厥"持续几分钟就会结束。果然，它又开始动了，努力想沿着试管玻璃往上爬……于是我从切口上挪开了试管，卷叶象在玻璃上爬了一阵就掉了下去，重新开始在叶面上前进。

试管拿走了，卷叶象也自由了。它在叶子上爬行，对上面的切口却视而不见，很快就拍拍翅膀飞走了……

我又找了一只新的卷叶象。这一只没上一只那么胆小，被试管罩住时也没晕过去。它很快就爬到了玻璃上，我便把试管从切口处移开了约一厘米。

等卷叶象回到叶子上后，我又拿走了试管。卷叶象爬到了切口的位置，一边沿着切口爬行，一边用前脚探测它的状况，然后就继续工作起来。

看来，卷叶象就算被打断也能继续之前的工作。对此我倒是不怎么吃惊，毕竟它的工作常常受到各种干扰。如果它没落地而是留在叶子上，那又有什么理由不能继续工作呢？

之所以对这个现象感兴趣，其实还有另一个原因。为此我才屡次尝试打断卷叶象的工作。我想知道，卷叶象能不能接手同伴的工作呢？于是我准备了一个相关的实验。首先得找两片开始切口的叶子。

还是用试管罩住卷叶象，等它爬上玻璃就转移到另一片叶子上。在放下这只卷叶象之前，我先把原来的卷叶象弄走了，只留下一片已经开工的叶子。

我进行了好几十次这样的转移实验，花的时间倒不是很长，大约只有10～15分钟。而且这是在实验成功的情况下，要是不成功的话就更快了。卷叶象有时会继续干别人留下的工作，也有时对切口根本不屑一顾。显然，这同它们各自的"性格特征"有关。你可别以为所有卷叶象的行为习性都是一模一样的。

尽管如此，好歹有些卷叶象接手了别人的工作，于是我做了另一个实验。我用剪刀在叶子上给切口开了个头，再把卷叶象放到上面。

卷叶象的表现一如往常：爬一爬，摸一摸，再爬一爬，有时也会到切口旁"检验"一下。然而，它们就是不肯开始工作。我剪出来的几十道切口全都报废了。

只有一次，卷叶象眼看着就要动手了，结果试了试却又放弃了。真糟！

很明显，卷叶象有什么办法能把两种不同的切口区分开来。事实上，剪刀和虫颚做出的切口是截然不同的。我曾用显微镜观察，发现二者的区别非常明显。卷叶象只要用前脚触摸一下，就能感受到这种差异：那些显微镜下才能看清的小锯齿，对这个小不点儿来说可是庞然大物呀。

\* \* \*

白桦卷叶象大概是卷叶象类中顶尖的能工巧匠：要在叶子上做出如此奥妙的切口，除了它之外再没有其他昆虫能办到。就连与它关系最近的"表兄弟"也搞不出这么复杂的名堂，那家伙做出的切口与数学公式和计算没有半点儿关系。

　　"表兄弟"的名字叫山杨卷叶象（或称白杨卷叶象），雌山杨卷叶象开工的方式非常随意。这是一种金绿色或浅蓝色的美丽的小甲虫，会用山杨、白杨、白桦乃至橡树的叶子来"卷烟"。西伯利亚生长着很多覆盆子[①]，如果仔细观察一下，就会发现不少叶子都被这种卷叶象搞坏了，有些地方甚至造成了严重的破坏。

　　春末夏初，我在年轻的山杨树（长得还不高、叶片又大又鲜嫩的山杨树）上寻找卷叶象的踪迹。在那儿还发现了山杨金花虫的幼虫：这种带有斑点的白色小虫还散发着难闻的臭味，让人根本无法忽略，特别是与山杨树擦身而过时就更明显了。

　　山杨卷叶象并不在叶子上开切口，而是直接把整片叶子拿来卷。可是不管它的动作有多灵巧，还是无法卷起富于弹性的健康新叶，哪怕卷起来也会立刻散开。于是，雌性的山杨卷叶象先用"长鼻子"在叶柄上开几个伤口。这个步骤看似简单——不过是卷叶象把"长鼻子"插进叶柄而已，实际上却有着非常重要的效果。

　　过了不久，叶子就开始下垂了。叶柄上的伤口破坏了里面的管道，从而减少了树汁往树叶中的流动。结果树叶蔫儿了一点儿，失去了原本的弹性。这样的叶子就可以卷动了。准备就绪后，山杨卷叶象便从一侧的叶缘开始"卷烟"。这是一项艰难而漫长的工作，往往要进行许多个小时。

---

① 又称树莓，蔷薇目蔷薇科悬钩子属的落叶乔木，结小的红色或黑色果实。——译注

　　山杨卷叶象并没有用其他材料去"缝上"或"别住"卷好的叶子：它自动就能粘起来。新叶的表面黏糊糊的，而山杨卷叶象又一直用"长鼻子"压着它，这便让卷好的几层粘在了一起。雌虫在卷曲部分的边缘之间产下一个虫卵，有时是好几个。

　　梨卷叶象（又称葡萄卷叶象）的工作方式也差不多。这也是一种美丽的金绿色或浅蓝色小甲虫，一般是卷赤杨树、白杨树、苹果树、梨树、李子树或葡萄藤的叶子，而且还会同时用几片小叶子卷成一根"卷烟"。在俄罗斯南方的某些地区，梨卷叶象的活动会对植物产生危害：它们用了太多叶子去做"卷烟"了。

　　我在榛树上发现了榛卷叶象卷起的"小桶"，在橡树上则是橡卷叶象。这两种卷叶象都比白桦卷叶象和山杨卷叶象要大得多，它们的背部都是血红色的，腹部是黑色的，但榛卷叶象头部的后端收缩得非常细，形成了一个窄窄的脖子，而橡卷叶象身上根本看不出脖子。

　　这两种卷叶象都会切割叶片，但方式各不相同。橡卷叶象从叶片两侧边缘开始切，一直切到主叶脉。等叶子稍稍蔫下去后，它便沿着主叶脉把它对折，再从某侧的末端开始卷。这就形成了一个靠主叶脉挂着的"小桶"。而榛卷叶象是横着切的，从叶片的一侧边缘出发，几乎切到对面的边缘。它会咬断主叶脉，沿着叶脉把叶片对折并从下端开始卷。形成的结果和橡卷叶象差不多，但这个"小桶"不是靠主叶脉挂着的，而是靠着完好的那一侧叶缘。

白桦卷叶象用白桦叶卷成"小叶袋"，而山杨卷叶象也会用白桦叶"卷烟"。有时还能在白桦树上发现榛卷叶象的"小桶"（橡卷叶象倒是对白桦树不屑一顾）。三种不同的卷叶象，三种完全不同的卷叶方式，卷成的自然也是三种完全不同的结构。

比较而言，山杨卷叶象的工作方式最为简单：在叶柄上咬几个口子并"卷根烟"就好了。榛卷叶象的情况要复杂一些：要开一道横向的口子，把叶子对折起来。白桦卷叶象最为复杂：要开两道弯曲的切口，而且还要做出特定的形状。

为什么它们的工作方式不同呢？有人可能会说："它们本来就是不同种类的甲虫嘛。"这个回答其实什么都没解释。诚然，每种卷叶象都有自己的工作方式，但为什么非要搞得那么麻烦呢？既然有更简单的办法，又何必花费多余的时间和精力呢？

这个问题目前还没有答案。我们对这几种卷叶象还知之甚少，更何况它们还有许许多多的亲属呢。快来研究它们吧！说不定问题的答案会由你来揭晓。

* * *

那么现在……我们再来看卷叶象家族中的一个成员，但它的习性与前面提到的几位截然不同。

这种昆虫得到果园里去找，比如樱桃树、李子树、南方的欧洲樱桃、杏子树和樱桃李树之类的核果植物上。它在中纬度地区就比较少见了，我花了不少时间才在莫斯科郊外的果园里发现了几只。当然，也许只是我不太走运，误入了不合适的园子。

它的名字叫作樱桃虎象甲。这个名字难免会让人产生点儿想法：为什么不叫"卷叶象"呢？从亲缘关系上说，樱桃虎象甲确实属于卷叶象的家族，是货真价实的卷叶象类，但它从来不卷叶子，不管是"烟卷""小叶
袋"还是"小桶"都做不出来。它的幼虫并不生活在卷起来的叶子里。

樱桃虎象甲的外表非常华丽，个头也不算太小，体长可达一厘米。它浑身亮闪闪的金绿色，其间还泛着紫红的金属光泽。难怪它的拉丁学名叫作"金甲虫"呢[1]。

在俄罗斯南方，樱桃虎象甲数量非常庞大，是最主要的园林害虫之一。但即使是在那里，当春天到来，这种昆虫开始往树上爬的时候，我们也并不总能发现它们的踪迹。而在樱桃虎象甲并非随处可见的莫斯科郊外，要是你只晓得盯着樱桃树不放，就更没办法好好地观察它们了。

有一个很简单的办法，可以帮你弄清树上有没有樱桃虎象甲。

我找来一把粗麻布做成的大伞，打开后底朝上地放在樱桃树的树冠下方，

---

[1] 樱桃虎象甲的拉丁学名为 Rhynchites auratus，其种加词 auratus 意为"金的"（来自拉丁语 aura"金子"）。——译注

然后用手拍拍树干，令树枝抖动起来，便有几只亮闪闪的小甲虫掉到伞里。

　　和许多其他种类的象甲一样，樱桃虎象甲受惊时会蜷起六条腿掉下去。你也不一定非用雨伞，换成防水布或床单都可以，只要是拿一块布铺在树下就好。我之所以选择用伞，是因为手头就有一把，用起来比床单更加得心应手。我这把伞还有个特别的名字叫"昆虫伞"。它比一般的伞稍大一点，伞面是用粗麻布做的，非常扁平。

　　这里有甲虫，那么观察的地点也就找到了，但时间上还得再等一等：樱桃虎象甲才刚刚开始取食呢。

　　树上结了许多小樱桃，樱桃虎象甲便大饱口福。它们吃得不算太多，但只要果实上被咬出一两个小坑，整颗樱桃就算是毁了。

　　樱桃眼看着就要变红，产卵的时间也就到啦。

　　我把一张小凳子搬到树下，站在上面仔细观察。小小的樱桃就挂在眼前，甚至可以拿放大镜去观看。

　　这场观察并没持续多久，很快就得到了满意的结果。原来啊，这些小甲虫非常镇定。除非整棵树都在抖动，否则不管你是拉树枝、摇树叶，还是制造出其他类型的"地震"（从甲虫的角度来看的"地震"），樱桃虎象甲都不管不顾。既然如此，它们在饲养箱里应该也能工作，估计在水罐里插根带果实的树枝就足够了。

于是我剪了几根枝条。

有的樱桃树上能看到一动不动的樱桃虎象甲，也有的樱桃树上没有。我又捉了十来只象甲，小心翼翼地把它们全带回家。之前，我已经仔细检查过了每一只象甲：需要的是雌虫。区别的特征非常明显：雄虫胸部前端的侧面长着几根尖刺，雌虫则没有这些尖刺。

我将结了樱桃果的树枝插进水里，再把甲虫放上去，为防万一又加了个罩子。剩下的就是坐下来观察了。

不久后我就把罩子去掉了：甲虫们丝毫没表现出逃跑的念头。有几只雌虫已经在干活了，其实早在树上就开始了，现在就算换了地方也毫不慌张。其他的雌虫才刚刚开始工作。

这项工作并不复杂。樱桃虎象甲在樱桃果上咬出一个小坑，把"长鼻子"插得越来越深。至于它在里面搞什么名堂就不清楚了，只能看到小坑在不断扩大。甲虫的脑袋和胸部挡住了小坑的出口。

被咬下来的残渣并不是很多。很明显，樱桃虎象甲不只是在咬坑，同时也是在用餐。这种边干边吃的态度影响了工作的速度，因为把碎渣吃掉总比把它扔出来要慢一些。不过，甲虫还是翻出了一些碎渣：不管它的胃口有多好，也不可能无限制地吃下去呀。

那么话说回来，小坑里到底发生了什么呢？

我暂时抛下了家里的樱桃树枝和上面的象甲，重新搬着小凳子来到果园里，站在凳子上观察樱桃。

这座园子里的樱桃虎象甲数量不多，但我还是找到了约 20 只正在工作的雌虫。根据"长鼻子"插入樱桃的程度可以判断小坑的深度。我细细地查看这些甲虫，并摘下了几颗合适的樱桃。当然，上面的甲虫也随之落地了，但它们对我本来也没有用处。

回到家里，我小心翼翼地切开了樱桃。

在小坑上做的切口让我看到了它内部的情况。打开了许多不同深度的小坑后，我面前终于呈现出一幅完整的工作图景。

如今，我只要看看一动不动地待在樱桃上的甲虫，就能说出它的"长鼻子"究竟在干什么。但也必须承认，切口并未给我提供什么有趣的知识，毕竟挖坑本来就是个简单的活儿，又有什么好期待的呢。

桌子上的樱桃虎象甲还在继续劳动。看着它们的样子，我已经完全明白了其中的奥秘。

雌虫把小坑附近的果肉全啃光，让果核露出来，并在上面开个小洞，有时还会深入核仁。

然后它把"长鼻子"从小坑里抽出来，转过身子把屁股对准小坑。是不是很熟悉的场景呀？它的产卵器伸入小坑，产下了一枚虫卵。

这就完事了？还没呢！只见雌虫又把脑袋转向小坑，再次把"长鼻子"伸了进去。

这是在干吗呢？雌虫整个挡在小坑上，要看清楚可不容易。但我树上还有许多樱桃，上面的小坑有完工的，也有未完工的。我又采了一些樱桃，用它们做了新的切口终于揭开了樱桃虎象甲的全部奥秘。

雌虫用一小堆碎屑盖住了产下的卵，这就好像在小坑底部加了个塞子。这个塞子是透气的，幼虫可以透过它呼吸到新鲜的空气。但除开"透气"之外，它还有个更重要的作用，而且与"透气"恰好相反——那就是不让某些东西"透过去"。

多汁的樱桃上开的小坑很快就会被黏稠的树脂填满。碎屑塞子可以保护幼虫免受这种致命的风险。

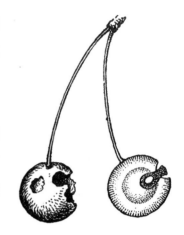

此外还有另一层保护。做完塞子之后，雌虫并没有马上离开樱桃。这回它在小坑周围的樱桃外皮上咬出几条小沟。这些小沟可以阻碍小坑继续变大，也可以防止它被树脂填满。

瞧，樱桃虎象甲与其他卷叶象的工作差别多大啊！不过这里还是有点儿相似之处的。樱桃虎象甲的雌虫同样是为幼虫准备一个充满食粮的住所。确切地说，它是把幼虫的食粮改造成了住宅。

接下来的部分就没什么意思了。孵化的幼虫在果核上咬出一条通往核仁的隧道。它以核仁为食，一个月后便发育成熟，然后沿着之前的通道爬到外面，离开樱桃钻到地底去了。

有的幼虫在地下化蛹，也有的幼虫先在地下过冬，到第二年秋天再化蛹。到了春天，虫蛹里便孵化出成年的樱桃虎象甲。

如果通向外面的道路比往常长得多，幼虫能否顺利爬到外面呢？

雌虫咬出的小坑就是幼虫离开樱桃的通道。我在小坑的出口处放了块烂樱桃或烂苹果，加长了幼虫的通道。它依然能咬出通往外界的道路，但有一个条件：通道不能有太多汁液。因此我选择了干枯的烂苹果或烂樱桃，这样幼虫才不会被汁液淹死。

樱桃虎象甲是一种害虫。每只雌虫可以产下多达150枚虫卵，这就毁了150颗樱桃。而它搞的破坏还远远不止于此。成年的象甲以叶芽、叶子和花朵为食，它们还会吃掉年轻的子房①，带来的危害是极大的：每个子房都是未来的樱桃，吃一个就少一个。

在比较小的果园里治理这种害虫并不困难。有一个既简单又便宜的办法：在樱桃树下铺张防水布、帐子或床单，然后用力摇一摇树干，树上的樱桃虎象甲就会纷纷落地。趁它们还没"回过神"把它们全抓起来。这项工作应从象甲出现的时候开始，重复五到六次，直到樱桃结果为止。这样几乎能把园子里的象甲一网打尽。

摇树的工作得在凉爽的清晨进行：天气越温暖，象甲就越活跃。要是你在大热天里摇树，就不会有象甲掉到床单上：它们在空中就张开翅膀飞走了。

最后再给你一个建议：樱桃虎象甲在晴朗炎热的天气下更加活跃。如果你想观察，就找个晴朗的中午去樱桃树下吧。

---

① 被子植物花朵的构造，内有胚珠，胚珠受精后发育为种子，整个子房则发育为果实。——译注

# 8.死喜鹊

———

世间万物都有自己的故事，连林间草地上的那只死喜鹊也不例外。喜鹊的故事也许很有意思，但这一章要讲的并不是它生前的经历。

死喜鹊的未来跟它的过去一样有趣，尽管参与未来的角色并没有过去那么多——死掉的喜鹊很快就会消失了。

当喜鹊还活着的时候，它的周围活跃着各种各样的动物，这些动物都是它生活环境的一部分，其中有野兽，有鸟儿，也有昆虫。

有的野兽是喜鹊的猎物，比如田鼠就能充当一顿不错的午餐。也有的动物是它的敌人，比如松鼠和貂爱偷吃喜鹊蛋，碰到小喜鹊也不会放过。在白天，喜鹊面临着鹞鹰的威胁；在夜里，它也可能在睡梦中落入猫头鹰的利爪。对更小的鸟类来说，喜鹊却又成了一种威胁，因为它会从巢里偷走其他鸟的蛋和雏儿……它猎杀青蛙和蜥蜴，捕捉甲虫和蝴蝶，还把毛虫啄来吃掉。它的主要猎物应该就是昆虫了吧。

如今，死掉的喜鹊不仅成了其他动物的食物，还会有动物在它体内安家，其中最主要的就是昆虫了。

随着喜鹊尸体的状态不断改变，它体内居民的组成也发生着变化：不同的昆虫有着不同的偏好，它们的生活环境也各不相同。

不过，你可别以为喜鹊在这儿起了什么关键作用。完全可以把喜鹊换成寒鸦、乌鸦、松鸦、白嘴鸦甚至是母鸡，情况都不会有什么不同：鸟儿的尸体里会住进同样的昆虫居民。

死去的喜鹊刚从树上掉到地上，就有蚂蚁从四面八方爬到它身边。在

整个大森林里，都能看到这些打洞小能手钻来钻去的身影。

蚂蚁们摆出一副特别能干的样子，用触角探查前进道路上碰到的所有东西；触角是它们用来感受周围环境的主要器官。

死喜鹊身上披着厚厚的羽毛，并不是一个能轻易到"口"的食物，但它的气味依然把蚂蚁给留住了。它们在死喜鹊身上忙碌着，想找到可以下口的地方。

我们人类的嗅觉不怎么灵敏，有很多气味都感觉不到。而丽蝇的嗅觉就要敏锐多了，它们在数百米外就能闻到食物的气味。

遍体泛着绿光的绿蝇飞到了死喜鹊的周围，灰色的丽蝇也出现了，它们长着红色的眼睛，肚子上分布着深色的网格条纹。

喜鹊的尸体是这些蝇类幼虫的食物。绿蝇和丽蝇在死喜鹊身上产了卵，揭开了"入住工程"的序幕。

死喜鹊的臭味变得更强烈了，引来了一批新的"客人"。

那嗡嗡叫着落到地上的原来是埋葬甲。它收起带着黑纹的红褐色鞘翅，伸出酷似大头针的短短的触角，向喜鹊的尸体爬去。

又飞来了第二只、第三只埋葬甲……

埋葬甲们在喜鹊身上爬了一会儿，就钻到了尸体的下面去。

这种甲虫有一种非常特殊的习性。它们会把小型鸟兽的尸体掩埋起来：在尸体下挖土，挖着挖着尸体就沉到地下去了。可喜鹊对埋葬甲来说还是太大了点儿，尽管它们努

力挖掘，也只能在下面弄出几个小坑，除此之外就一无所获了。

它们没能把喜鹊给埋起来。

这场失败并没有让埋葬甲感到困扰。它们在喜鹊底下产了卵：尸体能起到很好的庇护作用。

埋葬甲前脚刚走，后脚又飞来了黑色的食腐甲。这种甲虫并不埋葬食物，只是饱饱地吃上一顿，然后把卵产在尸体上面。

绿蝇、丽蝇、埋葬甲和食腐甲的幼虫加速了死喜鹊的分解过程。尸体下面的土壤变得湿润了，甚至出现了几个小水洼。水洼里满是苍蝇的幼虫

（蛆虫），谁知旁边又爬来一批专门捕杀蛆虫的猎手，那就是阎魔虫的幼虫。

阎魔虫是一种又短又胖又扁的小甲虫。它身披坚硬的铠甲，表面十分光滑而且光亮，让它看上去非常神气。

阎魔虫的幼虫是一种食肉生物，它们钻到死喜鹊下面捕捉蛆虫，那便是它们日常的食物。

你可别以为这就完了，还有别的住户和客人呢，那是小型甲虫和各种蝇类。它们都在死喜鹊身上大快朵颐：有的忙着享用尸体残骸，有的忙着捕捉各种食腐昆虫。其中许多食客都在尸体上产下了卵。

日子一天天地过去，幼虫们也长大了。蛆虫从尸体下钻出来，爬到一旁去了。它们藏到落叶和垃圾下面，也有的在地上挖个洞钻进去，在那里进行最后一次蜕皮，然后就化为虫蛹。蛆虫最后一次蜕下的外皮形成了一个坚实的"小桶"，这就是所谓的"假蛹"。假蛹能保护白白嫩嫩的真蛹免受外界伤害。至于埋葬甲、食腐甲和阎魔虫，它们的幼虫都是钻到地下化蛹的。

现在死喜鹊身上只剩下了筋骨和少量羽毛。

但就算筋骨和羽毛也自有食客来享用，它们就是食筋甲、食皮甲和露尾甲。

到了最后，喜鹊身上只剩下跟洗过一般干干净净的骨头了，凡是幼虫能咬得动的部位都被吃光了。

许多昆虫（特别是甲虫和蝇类）都是靠食腐为生的。

要是没有了敏锐的嗅觉，这些食腐昆虫也就无法生存了。

不过，嗅觉有时也会欺骗它的主人。某些植物的花朵会散发出尸体般的臭味，引来食腐的蝇类和甲虫。例如海芋就是这样的一类植物。海芋花是由许多小花聚集而成的肉穗花序，上面还安着一对"翅膀"（总苞）。被臭味吸引来的小型食腐昆虫钻进花朵，身上沾满了花粉。等它们飞到另一朵骗"虫"的花朵上时，它们就顺便把花粉传了过去。但话说回来，被臭花骗来的客人也没白来：它们的确在花朵里找到了食物，只不过不是腐肉而是花蜜罢了。不过，食腐蝇还是得去寻找"真正"的尸体来生产后代。

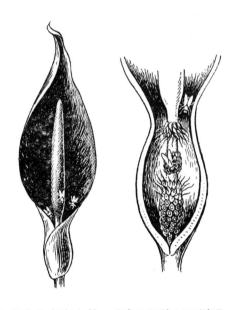

\* \* \*

食腐昆虫中最有意思的要算埋葬甲了。

可不是嘛！除了在死老鼠或死山雀身上产卵之外，它们还要把"死者"埋到地里去。当然，并不是所有"死者"都能埋葬，比如喜鹊就埋不了：它实在太大了。至于老鼠、鼩鼱①、鼹鼠以及跟麻雀差不多大或比麻雀大一点儿的鸟儿，都是能被它们"妥善处理"的。难怪人们给它起了个名字叫

---

① 属食虫目鼩鼱科，形似老鼠的小型哺乳动物，以昆虫为食。——译注

"埋葬甲"呢。

埋葬甲并不只是把老鼠和麻雀埋掉。如果地面太硬，很难挖掘，它们就会把尸体拉到便于挖掘的地方去。

要是两三只小虫拉不动，它们就飞去找帮手。

大约一百年前，有位博物学家讲述了一件关于埋葬甲的趣事。

博物学家想把蟾蜍晒干，于是在地上竖起一根棍子，把死蟾蜍插在棍子顶端。使用这种方法，就是为了避免埋葬甲碰到它。

过了几天，他发现棍子倒在地上，上面的死蟾蜍不见了。看来埋葬甲是在棍子下刨土，把棍子弄倒，然后偷走了蟾蜍。

莫非它们真的会"思考"吗？

著名的法国博物学家法布尔①毕生（他活了92岁）都在研究昆虫的生活。他最感兴趣的是昆虫的行为和习性。昆虫身上有没有一星半点儿的"理性之光"呢？这些六条腿的小生物有没有"思考"的能力呢，哪怕只是一点点的思考也好？或者，它们的行为只是本性的表露：很多看上去很复杂的行为，做起来却是不经"思考"的，更谈不上什么深思熟虑，动物其实天生就具备相应的"知识"。是不是这样呢？

法布尔自然也对埋葬甲进行了观察，结果不出意料：埋葬甲所谓的"求助"和"狡猾"都只不过是观察不仔细导致的误解罢了。

我不打算把法布尔的观察过程复述一遍，因为其中许多观察我都亲自做过了。在这里，我更愿意讲自己的观察，相信读者朋友也会觉得更有趣。

埋葬甲和它们的食物会散发出难闻的臭味，所以并不是很好的观察对象。谁也不乐意把这种臭烘烘的虫子养在房间里，可放在院子里或花园里的话，鸟儿的死尸又容易被猫儿狗儿或者乌鸦拖走……

① 让·亨利·卡西米尔·法布尔（1823～1925），法国著名博物学家，以著作《昆虫记》闻名于世。——译注

　　因此，我在阳台上放了一盆沙子，这就是观察的地点啦。为了防止乌鸦把尸体偷走，我从渔网上拆下一小块把盆子罩了起来。你也可以把用网罩好的盆子放在花园里，埋葬甲可以从网眼爬进去。

　　不必费心去寻找埋葬甲：它们会自己飞过来的。埋葬甲有好几种，其中大多数都长着带黑纹的红褐色鞘翅，比较少见的则是全身乌黑的埋葬甲，这一类的体形要大得多，通常在大型野兽或鸟类的尸体上才能碰见。想在鼹鼠或喜鹊的尸体上寻找黑色的埋葬甲是行不通的。

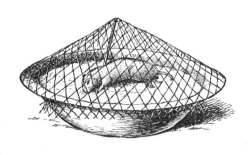

　　你可别把黑色的埋葬甲与黄角尸葬甲搞混了。这两种昆虫都是黑色的，但后者体形较小也没那么粗壮，最主要的区别是：它的鞘翅上有一些脊纹，触角末端却没有突出的"小球"。

　　天晓得这些小甲虫平时躲在什么地方，但只要死去的鸟儿或老鼠开始发臭了，它们就会蜂拥而至。

　　我不想费事去找死鼹鼠，这种会挖地的动物短时间内并不好找。

　　我居住的庄园附近有一片面积很大、满是土墩子的废弃牧场，牧场当中有一个小小的池塘，池塘里生活着一窝水田鼠①。只要坐在岸边就能看见它们在水里游泳，或是慢悠悠地在睡菜②丛里钻来钻去。

　　我的观察就从死掉的水田鼠开始了。

---

①　属啮齿目仓鼠科，大型田鼠，经常栖息在河流附近。——译注
②　属捩花目龙胆科，草本植物，大量生活于沼泽地或水边。——译注

　　水田鼠的尸体刚开始发臭，埋葬甲就不请自来：一共飞来了6只。它们在尸体上面爬了一阵儿就钻到了下面。过了约莫一刻钟，尸体微微动了一下：甲虫们开始工作了。

　　它们挖掘着尸体下面的沙子，就这样一直把尸体推呀推。这个过程是自然而然发生的。尸体躺在沙子上，埋葬甲钻到了它的下面，也就是说尸体压在了它们上面。埋葬甲边挖沙边往上钻，自然就移动了上面的尸体。

　　时不时地有一两只小甲虫从沙子里钻出来。它们爬到死老鼠身上，在它的绒毛里钻来钻去。不管是什么时候，尸体上几乎总有一只埋葬甲。不难看出，每只挖完沙的埋葬甲都会爬到上面去。

　　埋葬甲们挖呀挖呀，死老鼠渐渐沉到了沙子里。翻到外面的沙子形成了一个小小的土埂。等尸体已经有一半在坑里的时候，土埂开始崩塌，沙子撒到了尸体身上。

　　尸体仿佛是在慢慢地沉进沙子里，但并不平稳，而是一直在摇摇晃晃。到了最后，水田鼠完全消失了，原来的地方只剩下一道不显眼的土埂。挖沙的工作并不困难，埋葬甲不需要帮助也能独立完成。

　　可是，如果尸体下面是坚硬的土地，它们挖不动的话又该怎么办呢？

　　我做了一个很简单的实验，简单得都不好意思称作"实验"了。

　　我没有用硬土，而是找了一小块厚板子。我在沙盆中央挖走了一点儿沙子，把板子压到里面，重新撒上沙子并弄平。盆子看上去同平时没什么不同，但中间那层薄沙下面藏着一块板子，这就是我设置的"硬土"。

　　我在板子上方的沙面上放了一只死麻雀。

　　有4只埋葬甲飞过来。它们一如往常地开始研究死麻雀，最后钻到了尸体下面。尸体开始微微晃动，表明工作已经开始了。

　　过了一两个小时，埋葬甲早就挖到了板子的位置。这块"硬土"是挖不动的。它们又挖又推，从下面弄出了不少沙子，还在麻雀身上爬来爬去……

　　我并没有看到甲虫去侦察。它们没跑多远，也不再到处挖沙，但死麻雀突然就开始往一旁挪动，动了一下，又是一下，每次的距离都很短：甲虫们不是用"推"的，而是用"拉"来移动尸体。

　　我朝旁边看了一眼，终于搞明白了它们的"笨办法"。埋葬甲仰面朝天躺倒在地，用六只爪子紧紧抓住死麻雀的羽毛。只要一弯起身子，它就用脑袋顶一下尸体，然后重新松展身子……

　　埋葬甲们七手八脚地推着死麻雀，各干各的，很不协调。尸体忽而向前面，忽而向旁边，忽而开始往后退了。最后总算是有一半离开了板子，毕竟板子本来就不大嘛。

　　从板子上下来后，死麻雀也没有移动得更快，但比原来要平稳些了，关键是它已经不再"后退"了。

　　为什么埋葬甲们的工作似乎变得更协调了呢？

　　我的解释是这样的。当板子上面的沙子被清走了，但麻雀还留在板子上时，它的下面全都是"硬土"，不管埋葬甲在哪儿推都一样。等尸体有一半被弄到外面后，下面就出现了一部分柔软的沙子。在沙子上工作起来更加方便，推动的力量也更加强大，于是4只甲虫都转到沙子上推尸体了。

　　我几乎费了一整天时间守在死麻雀身边观察。埋葬甲是早上9点左右飞过来的，快到晚上7点时才把尸体推到了柔软的沙子上。

　　我做了好几次类似的实验，每次观察到的结果都差不多。埋葬甲根本没有搞什么侦察或求援，也没有预先在沙土上挖好坑。

它们忙活了一阵儿就开始把尸体朝旁边推，仅此而已。

如果"硬土"的面积不是很大，只比放在上面的尸体大一点点，就会出现上述的情形。

可是，如果"硬土"离松土或沙子很远，不止是 5 ～ 10 厘米，而是比这个距离大得多，那又会发生什么事呢？

这里可能出现两种情况。有的时候，埋葬甲依然把死老鼠或死鸟儿推到了松土上。有的时候，它们忙活了一阵子就放弃了已经开始的工作。如果飞来的甲虫比较多，工作通常就比较顺利；如果数量太少，尸体就怎么都没法搬到板子的边缘，只能在板子的中央转来转去。到了最后，甲虫只好放弃这块"难啃的硬骨头"。

在工作过程中，偶尔会有一只埋葬甲振翅飞去，过了一会儿又飞来了一两只甚至是更多的甲虫。是最初那只甲虫叫来帮手了吗？

验证起来很简单。埋葬甲们刚一出现在尸体周围，我就给它们做上了记号。飞走的甲虫必须同找来的帮手一起飞回来，这样才算是求助了嘛。

这种事情从来没发生过。飞走的埋葬甲通常不会很快回来，而在它之后飞来的（它却没有跟着回来！）甲虫并不是它请的帮手：它们只是比大部队来得晚一点儿罢了。

有一次，我用一张金属网代替了板子，这样就能透过它从下面观察埋葬甲的工作了。

等挖到网子之后，它们先是试着咬一咬，自然是毫无结果。于是它们开始把死老鼠往一旁推。

我又把金属网换成了一张尼龙网，结果被埋葬甲给咬断了。这倒没什么好奇怪的。自然界中虽然没有尼龙网，但地下有植物的根须呀。这些根须可能会妨碍埋葬甲的埋葬工作，所以会被咬断。它们对于尼龙网也是这样处理的。

我做了许多实验：把老鼠或鸟儿的尸体位置抬高。我弄来几丛晒干的线球草，把尸体放在上面，也试过用越橘①丛或各种干草的草茎当支架，还用幼根编成一张大网眼吊床把尸体挂起来。

不管怎么设计，我观察到的结果都大致相同。

起初，埋葬甲们千方百计地想把尸体推下去或摇下去。如果这一招不管用，尸体还是留在上面，它们就开始啃咬支撑的草茎。

最终结果差不多都是一个样：老鼠或鸟儿的尸体掉到了地上。

我在地上插了一根桩子，把死老鼠放在上面。老鼠的脑袋垂在一边，后脚和尾巴垂在另一边。

然后我从饲养箱中放出了两只埋葬甲。它们很快来到了老鼠身边，几分钟后就把它弄到了地面上，可谓是不费吹灰之力。只需钻到尸体下面，稍微推动几下，它就自然而然地掉下去了。

对此我们该怎么看呢？是埋葬甲"构思"出了一个计划，还是说这只是自发现象而已？在我看来，这里头根本没有什么神妙难解的地方。至于读者朋友嘛，如果你之前仔细阅读了这篇故事的开头，那也不该有什么疑惑才对。要是尸体放

---

① 属杜鹃花目杜鹃花科，落叶灌木，结红色或蓝色浆果。——译注

在地上，埋葬甲就会在它身上爬行，然后钻到下面去。如今它们的做法也是如出一辙。木桩上放尸体本来就放得不稳，如果再推上几下，难道还能坚持多久吗？只要钻到尸体下面，埋葬甲自然是会去推它的。

我拿一条粗线系住死老鼠的尾巴，另一头绑在棍子的顶部，然后把棍子插进沙地里，让老鼠的上半身搭在地上，下半身靠着棍子。埋葬甲们在尸体上爬行，钻到下面，又重新钻了出来。

挖坑埋老鼠的工作开始了。它们挖呀挖呀，尸体已经有一半沉到了沙子里。棍子插得不牢，而且它的末端就在尸体边上，所以在埋尸体的过程中自然也会碰到棍子。棍子被碰倒了，这下子可以把整只老鼠埋起来了。

埋葬甲们真的想到了埋掉整只老鼠的办法吗？这是大可怀疑的。不过还得证明一下才行。

各种各样的实验都证明了同一个结论：埋葬甲根本就没有"思考"。它们会按着某个固定的模式工作，仅此而已。在自然界中，它们有时会碰到需要咬断的根须。不管是丝线还是绳子，是树皮还是电线，这在它们看来其实都是"根须"呀。

# 9. 蓑蛾

———

春去夏来。丁香花谢了，树上的苹果花也纷纷飘落在地，三叶草开始绽放红色的花朵。

我路过一个乡下别墅区，只见旁边有一排陈旧的木头篱笆。要不要停一停呢？会发现什么有趣的东西吗？有趣的东西到处都是，需要的只是"看"的能力，特别是"看见"的能力。

篱笆上有一个长条形的干草团子。好吧，那又如何？秋风把多少细小的垃圾吹到了破篱笆上，这有什么好大惊小怪的？

你瞧！团子动了一下。是不是被风吹的呢？

再仔细看看！团子竟然开始爬了。

要不要停下来好好观察呢？

这个团子并不是垃圾，而是许多干草附在一个类似管子的东西表面，末端再用丝线封住。它其实是个套子。

套子里有一条毛虫。它身上背着干草和碎叶，这是它的随身"小屋"。"小屋"的外表毫不起眼，里头的墙壁上却铺满了"丝绸"和"缎子"。

套子住户的故事可以简单概括如下：毛虫给自己织了个套子，外头粘上各种干草、碎片、残屑和针叶。它不论何时都不会离开这座"小屋"，每天都在里面吃喝拉撒睡，冬天也在那儿过冬。到了后来，它还会在套子里化为虫蛹呢。

我路过旧篱笆的时候正好是化蛹的重要日子。

既然这儿有一个套子，那也可以期待发现第二个，第三个……于是我在篱笆和附近的树干上寻找。一个，两个……最后整整收集到了十来个套子。

我当然也可以继续找下去，但这又何必呢？有这么多就够了。

这些套子看上去有很明显的不同：有的大，有的小，有的比较杂乱，有的比较规整。有的挂在高处，有的附在低处（跟我的膝盖差不多高的位置）。但它们的悬挂方式都一个样：干草朝下垂着。这样可以让雨水自然流走，就跟屋顶排水的道理一样。

我把套子带回了家。

所有的毛虫都会化蛹，我的也不例外。这时又出现了差别，而且非常厉害。有的套子里的虫蛹不怎么动弹，有的……竟然还会爬！

在阳光灿烂的时候，虫蛹会爬到套子的出口附近，有时甚至会钻到外面。到了晚上，它就躲回套子深处。它好像是在晒日光浴呢，真有意思！

不过，这个"出口"已经不是之前毛虫把脑袋和胸部伸到外面的那个位置了。原来那个"出口"已经紧紧地固定在了饲养箱的内壁上，通往外面的道路被牢牢封住了。很明显，毛虫化蛹前会先在自己的住所里转个身子。套子的末端原本并没有封上，现在也依然开着。转过身后，毛虫的脑袋刚好就对着这个开口，虽说只是个"后门"。

到了某一天，虫蛹钻到外面后就不再回去了。不久后它便会破开，从里面爬出了一只蛾子。这是只暗褐色的小飞蛾，样子非常不起眼，只有一双大大的羽状触角很是好看。只要瞥上一眼，你立刻就会注意到这对毛茸茸的、引人注目的触角。这样的触角只有雄虫才有。没错，虫蛹里爬出来的正是小小的雄蓑蛾。它还有另一个更好听的名字叫作"普叙赫亚"①。

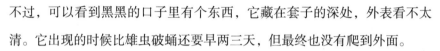

雄虫从虫蛹那薄薄的、半透明的、略微泛黄的外皮中钻了出来，停在了套子上。过了一小会儿，它身体已经变干变硬，便拍拍翅膀飞走了。

它没飞多远，只是在一个套子旁飞旋着。

这个套子也有一个开放的口子（别忘了前面提到的"后门"），但那儿什么都没有。不过，可以看到黑黑的口子里有个东西，它藏在套子的深处，外表看不太清。它出现的时候比雄虫破蛹还要早两三天，但最终也没有爬到外面。

等看清后你一定会惊讶不已。没有撒满细细的鳞粉的翅膀，没有羽状的触角，只有一个有点儿像蠕虫的小东西，它没有翅膀，看上去可怜兮兮的，甚至连虫蛹的外壳都钻不出去，只能把半个身子探到外面。

可是，蛾子在哪儿呢？

再好好看看！蛾子就在这儿，只不过看上去完全不像只飞蛾。那条"蠕虫"其实就是蛾子。不相信吗？

仔细观察一下雄性的蓑蛾，想象一下它去掉翅膀和触角的样子。会是什么样呢？是不是和虫蛹里探出身子的"蠕虫"有几分相似？

难看的"蠕虫"其实是雌性的蓑蛾。没有翅膀的蛾子……世界之大无奇不有。

雌虫没法钻出套子。想想看，这么一个没有翅膀又肥胖笨拙的小虫子，

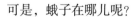

① "普叙赫亚"是希腊神话中拟人化的人类心灵，呈现为少女的形象。——原注

还能爬到哪儿去呢？它就这样躺在自己的"小屋"里，雄虫则在旁边飞旋，仿佛是在挑逗："看啊，我们会飞……"

过了几天，雌虫在套子里产下虫卵，然后就在里面死掉了。

在炎热的夏天里，雌虫的残骸很快就会干掉，因为它其实就是个装满了虫卵的口袋。虫卵都排出来了，雌虫的身体也就干枯了，然后从套子里滑出去落到了地上。

虫卵里孵出了毛虫。它们非常非常小，大约只有一毫米长。你觉得它们首先会干什么呢？这个问题很好回答：当然是先钻到外面去了。那么之后呢？

"毛虫非常贪吃，它们肯定会先去找吃的。"你回答说。

可是你又错了。从头到尾，你就没猜对过一次。先是把蓑蛾的住处当作垃圾，然后把雌虫当作蠕虫，现在又搞错了毛虫的行动。

毛虫并没有立刻开始吃东西，也没有爬去觅食，而是开始给自己"穿衣服"。真是无奇不有！竟然还有不愿光着身子爬来爬去的毛虫呢。

妈妈的"小屋"就是幼虫用来制作第一件衣服的材料。

尽管编成套子的虫丝柔软细腻，但毛虫并没有触动它们分毫，而是开始用长满尖牙的大颚去咬碎粘在套子外面的干草。

刚出生的毛虫真的很小，得用倍数很高的放大镜才能看清它们的双颚。

当然，它们啃咬的也是最柔软的那些绒毛。

很快，它们就穿上了一件特别柔软的"衣服"，但并不是从头到脚都穿好了。恰恰相反，它们的头和脚都没有衣物覆盖，只有身体的后半部分盖上了一个绒毛罩子。在爬行的时候，毛虫会把套子往上抬起，好像在炫耀自己的"新衣服"。

读完了这段，你大概会产生一些疑问：

"这个罩子是怎么做成的呢？毛虫又是怎么把它穿到身上的？"

问得好。我若不在这里介绍一下毛虫的"裁缝手艺"，它们估计还会觉得不高兴呢。除此之外，作为观察者的我也不妨稍稍夸耀下自己的本事：瞧瞧我观察到了多么细微的东西！

要观察毛虫制作第一套"衣服"的过程确实很不简单。

前面说过，毛虫只有一毫米长，而我还得目不转睛地注视着这个小东西。当然，这里不能全靠肉眼，否则就什么都别想看到。我找来了一台双筒镜，这是一种特殊的仪器，看上去就像棱镜双筒望远镜与显微镜的奇怪组合。我在这个大型设备的观测台上放了一个很浅的碟子，上面是雌虫的套子和刚孵化的幼虫。我一只手握住调节焦距的把手，另一只手抓着照明器的操纵杆，眼睛凑到目镜上，屏气凝神地看着……

这里我用"屏气凝神"这个词可不是要调动读者的情绪，而是实话实说。之所以会"屏气凝神"，并不是在期待什么特别的事情，也不是因为紧张激动得"心脏都停止了跳动"①……

真正的原因很简单，简单得有点儿气人。

毛虫实在太小太轻了，只要稍微呼吸一下就会"随风而去"。我只能一动不动、屏气凝神地坐在那儿，否则就可能吹走这些小不点儿。

双筒镜的顶上有一个特殊的小伞儿，那是一块胶布，上面开了几个小口给目镜用。这块胶布的用途是防止仪器顶端被我的呼气弄出"汗水"。胶布也能在一定程度上保护毛虫，但全指望这层防护就太冒险了。

---

① 原文用了 замирать 这个动词，有"（动作）停止、（气息）静止、（心脏）停跳"等几个意义，此处为双关。——译注

于是我屏住了呼吸……

套子里四散爬出了 50 多条毛虫。雌虫产下的卵比这还要多得多，孵出来的毛虫得有好几百条。但是，当我从饲养箱内壁上取下套子时，就不知道弄丢了几条。当我把套子拿到双筒镜的观测台上时，又不知弄丢了几条。当我调整照明器时，又不知吹走了多少……最后就只剩这么点了。

有了这番教训，如今我真的能做到"屏气凝神"了。要是时不时就吹走几个"小裁缝"，哪里还能观察出什么结果？

毛虫用双颚咬碎了干草，把草茎的髓质撕成了碎片。它边啃边把散落的碎屑弄成了一个团子。

如果这是个人，我大概会说他的活儿都是在双唇之间完成的。毛虫自然不能这么描述，但它的双颚刚咬碎干草，碎屑就在双颚之间变成了团子，看上去确实挺像我刚才打的比方。

毛虫并不只是在咬碎干草。它的"下唇"上有丝腺的开口，里面能分泌出纤细的虫丝。它咬碎的小碎屑便是由这些虫丝粘在一起的，而且粘得很牢固，不会轻易散开。

做完的团子被推到一边，但并没有掉下去。毛虫马上又开始做第二个团子，就像是在串珠子：团子一个接一个地做出来，然后用虫丝连在一起，形成一条珠串般的构造。

对双筒镜而言，30 ～ 40 倍的倍率已经够大了。视野中能看到许多小不点儿的毛虫，它们全都在"穿珠子"。我专注地观察着其中一只，也不时看看它旁边的同伴。有的毛虫工作得快点儿，也有的稍微慢点儿，但没有一只在无所事事：所有的虫子都在不停地咬啊、穿啊、咬啊、穿啊……

当珠串达到了一定的长度，毛虫就会停止工作，尽管我并不清楚它是如何判断长度足够的。①

我拿了几个玻璃碟子，上面放着山柳菊的叶子（我已经亲自验证过了，毛虫是吃这种叶子的），此外还有许多其他草本植物的叶子：就让毛虫随心所欲地挑选吧。我又在每个碟子上放了十来只毛虫。这些毛虫各不相同：其中有的还光着身子，有的已经用一串团子编了条腰带，还有的编出了一条类似短裙的玩意儿。最后，有些毛虫被我"脱了衣服"，我或是取走了刚完成的团子，或是取走了未完成的"珠串"，或是取走了"腰带"，或是取走了长短不一的"小裙子"。我还在每个碟子里另外放了5条毛虫，并拿走了它们已完工的套子。

必须承认，这个实验叫我挺难为情的。过了几个小时，我回到碟子旁边，发现毛虫们都在"穿衣服"呢。

它们找到了用来制作套子的材料！山柳菊叶背面的茸毛是非常好的材料。

实验表明，被"脱光"的毛虫会自己重新"穿上衣服"。不过，我做实验想搞清楚的完全不是这件事情。

只好从头再来了。幸好我手头还有一定数量的虫卵，能继续孵出毛虫。

"这下你们可没东西用来做套子了吧。"我边把毛虫放到碟子里边说。

我精心挑选了没法用来制作套子的食物。

我在一个碟子里放了山柳菊的叶子，但这回已经除掉了茸毛。清除茸毛是件非常麻烦的事儿，而且叶子还容易被揉皱揉烂。我只好把处理完的

---

① 本段与下段之间疑有缺页，但基本不影响阅读，故原样译出。——译注

叶子放在盛水的试管里，这样才不会立刻蔫掉。

我往这个碟子里放了那些已经吃过山柳菊的毛虫，当然事先已经"脱光"了。"熟悉的食物估计更有诱惑力，"我推想道，"虽然看上去是不太好吃，但应该不会影响到它们的胃口吧。"

不过为防万一，我还是做了个测试，看毛虫会不会吃这么奇怪的叶子：我先拿另一些穿上套子的毛虫试了试，它们并没有拒绝。

一天过去了，两天过去了……毛虫们在草叶和树叶上爬来爬去，白天里还会上到饲养箱的内壁上。它们显然在惊慌地四处寻找。当然，可怜的小虫子们早就饿坏了，但那些饲料连动都没动过。

三天过去了……四天过去了……它们变得非常瘦弱。于是我费了很大功夫去处理茸毛，然后换了批新的饲料。

开始有饿死的了。这些顽固的小家伙们怎么都不肯"光着身子"吃东西。

等最后只剩几条活着的毛虫时，我把几片完好的山柳菊叶递给它们。尽管已经饿得虚弱不堪，它们还是先动手"穿衣服"。它们从叶子也就是食物上啃下一些茸毛，对食物本身却碰都不碰。直到套子完工之后，它们才开始吃东西。

毛虫会用一切材料来编织套子吗？

为了做这个实验，我又找了各种各样的毛虫：有被"脱光"的，有还没"穿衣服"的，有刚开始"穿衣服"的，还有快要"穿好"的。

我又在碟子里放了许许多多不同的材料：有滤纸的碎片，有纵向切碎的各种草茎。有的碟子里放着小块的软木塞，还有接骨木的木髓。

结果呢，它们全都"穿上了衣服"！

不管是白色的木髓，还是小块的滤纸，还是白色、粉色、蓝色和绿色的墨水纸，都被毛虫咬成了碎片。就算碟子里是软木塞，它们竟然也能刮下一些小小的碎屑。它们就用这些材料做出了非常棒的小罩子。

实验表明，各种植物性的材料都可以用来制作小罩子，只要是干燥而轻便的材料就行。当然，还有另一个重要的条件：毛虫的双颚得咬得动才行啊。如果能咬碎，就是好材料，要是咬不碎，那就不合适啦。

还剩最后一组关于制作罩子的实验。毛虫会不会用不同的材料做出多层的罩子呢？我早就知道这个实验的结果，但还是得验证一下嘛，何况单是观察就已经很有意思了。

这个实验可没法一天之内完成。毛虫急着要"穿衣服"，所以罩子做得很快，之后再随着罩子的磨损和自身的成长来增添更多的部分。这个添建的过程可就一点儿都不急了。

这回我把一百多条毛虫分别放到 20 个碟子里，每个碟子里有不同的建筑材料：草茎、纸片、软木塞和各种植物的木髓。

我时不时会更换一下这些碎片。我必须进行非常烦琐的记录，才能防止把曾经用过的材料放到同一个碟子里。

我饲养的小虫子们越长越大，罩子也越造越长。它们直接拿周围的材料来用。不同种类的材料做成的罩子变得五彩缤纷。其中有些非常好看，但毕竟太小了，所以只有在倍数很高的放大镜下才能评判它们的美感。

毛虫把后来加上去的部分都补在罩子前边，所以它的住宅前边越添越长，后边越磨越短。用旧了的部分逐渐磨损，变成细小的颗粒撒掉了。没过几天，最初的"衣服"（也就是那个小小的罩子）就已经一点儿都不剩了：它已经完全磨损掉了。

随着幼虫的生长，小罩子逐渐变长，最后变成了管子的形状。但它的末端依然很窄小，所以看上去还是像个又长又窄的罩子。

过了一段时间，幼虫的套子就已经不再是单纯用丝线织成的了。它的主人会渐渐往上面粘一些植物的碎片。这些碎片看上去像是偶然咬下来的碎屑，但积攒得越来越多，幼虫本身也变得越来越大了。

"翻新住宅"的时候到了。毛虫们并没有为此换掉自己的丝绸"外套"，也就不能说是"更衣"啦。它们的做法非常简单：直接在丝线套子上再加个盖子就成了。

为此它们动用了手头的所有材料：细细的草茎、针叶和树叶的碎渣。我很了解自己养的这些小家伙的习性，便预先在饲养箱和碟子里放了必需的建筑材料。

这回我就不用在小碟子旁坐上好几个小时了，双筒镜也派不上用场。我用肉眼观察毛虫的行动，偶尔才拿起放大镜来细看。毛虫长大了，如今的它们与刚出壳的那些小不点儿不同，它们的工作早已不是那种"显微"水平的了。

毛虫张嘴咬住一小条草茎，用双颚和腿脚摆弄着它。它可能是在挑选，也可能是在尝试。有时它会丢弃这块材料，有时会相中那块材料。我是看不出这些碎片之间有什么明显的区别，往往就是两根一模一样的松针。很明显，毛虫能看到我没看到也不可能看到的细微之处。

草茎选好了，毛虫用双颚咬住它的一端，从那儿咬下几块碎屑，然后把整根草茎举起来，晃着脑袋和胸脯把它甩来甩去。它用这种剧烈的运动把草茎甩到了背上。它的双颚牢牢咬着草茎不放，同时吐丝把草茎的一端固定在丝线套子上。

好啦，这就算是开工了。第一根草茎之后还有第二根、第三根草茎……毛虫用完全相同的动作把它们甩到背上，它们也都相当平稳地铺在了套子上。

甩动的幅度决定了盖子的初始位置。前面还有一小段丝线管子没有覆

盖到。这样一来，毛虫的胸部就不
会被粗糙的覆盖物卡住而动弹不得。

当然了，无论毛虫多么努力地
蜷起身子，它都不可能把后来的套
子造得与原先的套子一样长。这个
问题的解决方案不难想到，其实就是平常的办法：把套子继续往前扩建就
行了。毛虫从丝线管子里慢慢地往外钻，同时不断地把套子往前加长，这
就相当于增加了"建筑面积"。

建筑过程并非总是一帆风顺。有些枝条和针叶没有沿着套子铺，而是
歪向一边。特别明显的是叶子的碎片，它们铺得七歪八斜，有的甚至直接
横在套子上。

原因很简单。毛虫咬住草茎和针叶的末端，把它甩到背上后就立刻吐
丝加固，不做预判也不加调整：甩上去是什么样，加固后就是什么样。而
甩上去的位置又取决于毛虫咬住它的状态：如果是斜着咬，甩上去后就是
斜的。叶子的碎片比较短小，被甩上去时很容易出现各种稀奇古怪的状态，
加固后也都是马马虎虎的模样。

尽管如此，套子看起来倒也
不是特别杂乱无章。这里的原因
也不难猜想。当毛虫爬行时，那
些歪得特别厉害的草茎和针叶会
挂住路上碰到的各种杂物。尽管

固定得很结实，但这些草茎最后还是会折断或脱落下来。

这项工作会持续好多天。这已经不是毛虫急着穿上的那个最初的罩子
了。它还有各种各样的事情要忙：要吃东西，要爬行，要搭建套子。其中
最重要的大概就是吃了。

盖子做好了。这并不是说工作就停止了。丝绸管子确实已经被乱七八糟的植物残片给盖上了，但这也不是停工的理由呀。毛虫还要继续把套子往前搭，因为后面依然在不断磨损。

在一个阳光灿烂的日子里，蓑蛾幼虫们纷纷爬到了饲养箱的内壁上。它们开始吐丝，把套子牢牢地悬挂在上面。挂完之后，又用丝线封住了住宅的入口。

毛虫准备冬眠啦。

\* \* \*

要怎么对付蓑蛾呢？

你可别对这个问题感到奇怪，我这么问自然有原因。

蓑蛾的种类很多，全世界有 800 多种，其中不少都是害虫。这类蓑蛾通常栖息在南方，特别是热带地区。北方的条件并不太适合南方昆虫的生长。甘蔗、柚子、果树、谷物、棉花、葡萄、茶树、牧草、可可、咖啡……说起受到蓑蛾幼虫危害的作物，可以列出一个又长又复杂的单子来。

俄罗斯大约有 150 种蓑蛾，而全世界总共也就 800 多种。可见，要充分了解这类昆虫，单单说"蓑蛾"是远远不够的，还得讨论得更具体点。

我饲养的是单色蓑蛾的幼虫。之所以有这个外号，是因为它的雄虫是单调的黑灰色。这种蓑蛾有时会危害谷物或某些灌木。

单色蓑蛾的发育非常缓慢：它的幼虫要过两次冬才能成熟。只有南方的环境下才能在第一次过冬后就吐丝化蛹。

过两次冬！我不禁犹豫了起来。难道接下来整个夏天都要忙着喂养这些小虫子吗？而它们还要等春天过后才会化蛹，到了那时才能为我所用。

既然如此，我先把它们放回林子里，到第二年夏末再抓些新的幼虫来，这岂不是更省事？

我正是这么干的。

冬天结束了，夏天也过去了。到了秋天，我出发去林子里找蓑蛾。这时的套子变得更大了，有3～4厘米长，很容易就能发现。有的套子上满是草茎和针叶，就像是一把破破烂烂的刷子，还能看见一条长长的、光秃秃的丝线管子。这是雄虫的套子。而雌虫的套子则更整洁一点，丝线管子隐藏在许多碎叶的下面，从外面很难看到。

整个冬天，装着蓑蛾套子的饲养箱都放在寒冷的露台上。到了春暖花开、白桦抽芽的时候，毛虫们纷纷骚动起来。化蛹的时刻到了，它们都爬走了。可这是爬到哪儿去，又为什么要爬走呢？原地化蛹不是也一样吗？并非如此。它们必须爬到其他地方，特别是未来的雌虫，一定要努力爬到尽可能高的位置。

终于，我要对蓑蛾幼虫做最后一个实验了。要是毁掉了套子，它们又会怎么办呢？

我小心翼翼地把幼虫从套子里取出来。这个任务可不简单：它总是蜷起身子，想躲进套子的深处。总不能用钳子夹着它的脑袋往外拔吧！

于是我拿一把小剪刀，将套子纵向剪开。这个操作也是挺危险的：只要刀锋稍稍一碰，毛虫就会受伤。我只好一边小心地把套子拉开，一边尽量轻微地操作剪刀，并把刀刃向上抬，防止不小心碰到毛虫。

套子剪开了，毛虫也取出来了。它光着身子，虚弱无力地趴在一小片滤纸上。我在它身旁放了一堆草茎、干树叶和针叶之类乱七八糟的玩意儿。

毛虫钻到了那堆破烂下面。我稍稍移开顶上的草茎，便看到了下面发生的全部情景。幼虫的脑袋摇来摇去，胡乱地四下张望：时而往上，

时而往下，时而往两旁。它的脑袋（准确地说是嘴巴）所到之处都出现了细细的虫丝。毛虫不停地编织着，吐出的丝线散布到了四面八方，但既没能织出丝线的套子，也没能把草茎盖到身上。破烂堆依旧是原来的样子，只有几小根草茎被四处乱转的毛虫挪动了位置。

我从套子里取出了第二条、第三条、第四条毛虫……它们全都表现得"笨手笨脚"：在破烂堆底下编织着莫名其妙的怪东西。

过了好一段时间，套子还是没能织出来。沙子上放着一小堆草茎，草茎下是个用虫丝编成的、类似帐子的玩意儿。

最后，毛虫好歹用虫丝织出了几条"被子"。但这些"被子"织得乱七八糟，毛虫只能凑合着躲在下面。当然了，毛虫要把这个玩意儿移走也是办不到的。它还能怎么移呢？上面的破烂和下面的沙子已经被虫丝联结成了一个乱糟糟的团子，而毛虫还躲在里面继续编织"被子"。

如果是在林子里，这些毛虫的下场就相当凄惨了，它们很快就会变成善于钻洞的蚂蚁的盘中美餐。

而在饲养箱里的话……天敌倒是没有了。毛虫顺利化成了虫蛹，也按时变成了飞蛾，可是……通往外面的道路却不见了。

我拨开了一堆破烂，小心地剪开丝线帐子。帐子里有一个雄虫的虫蛹。它在温暖的阳光下躁动起来，好像是想往前爬。然而，这些努力都毫无结果。在原本的丝线套子里，只要靠在内壁上就能很方便地往前钻动，可惜现在套子已经不存在了。虫蛹在帐子里动来动去，可不管转向哪儿都只能碰壁而归。

当雄虫来到世上时，它已经没法钻出虫蛹了：根本就没地方可以出去。

而雌虫自然就更惨了。本来它还能通过"后门"从套子里露个头，现在"后门"已经没了。何况既然连"小屋"本身都不存在了，那还谈什么"后门"呢？

这究竟是怎么回事？为什么蓑蛾幼虫没法好好地修复自己的小屋？为什么它不搭建一个新的套子呢？

一切都有各自预定的时间。

在前两个夏天里，毛虫一边生长，一边为自己的"小屋"添砖加瓦。到了秋天，它也会继续吐丝把草茎粘到套子上。这时的它还是幼虫，还能吃能爬，以上的工作都是在这个阶段进行的。

第二个秋天过去了，第二个冬天也过去了，春天再次来临。毛虫已经发育成熟，到了化蛹的时候了。它的习性也随之发生了改变。

在化蛹前的那个春天，毛虫已经不再修整自己的"小屋"。它得从事另一项工作：吐出丝线把套子织成厚厚的罩子。它已经忘掉了"建筑工人"的手艺，变成了一个"纺织工人"。

赖以栖身的套子被破坏了，必须进行修复。但蓑蛾幼虫已经"忘掉"了修复的本事，它甚至连损坏的地方都看不出来。

请你回忆一下小小的蓑蛾幼虫。要是没穿上套子，它宁可饿死也不肯吃东西。这是顽固呢，还是愚蠢呢？其实都不是！

这些都是本能的体现，是一连串按顺序排好的复杂行为。对蓑蛾幼虫而言，"昨天"和"明天"都是不存在的，它眼里只有"今天"。过去的事情一去不复返，做完的事情也无法重复，如果昨天完成了一项工作，那便是永久地完成了，今天就再也不能重新进行。

假如它能在化蛹前重新造出一个套子，我们大概就会说："这已经不是本能了，而是某种更高层次的能力。"

关于蓑蛾还能再说点儿什么呢？没被我妨碍的幼虫都成功化为了虫蛹。虫蛹里孵出了成虫，雌虫产下了虫卵。不过，我并没有看到这个情景，因为我把雌虫都放回园子里了。当我手里拿着雌虫走在路上时，一群雄虫一直跟在我身后飞舞着……

# 10. 湖里的建筑师

————

　　你不一定能找到蓑蛾的幼虫。尽管它不算很罕见，但也得有些技巧才能找到，而它的成虫也是如此。钩粉蝶的话就不同了：谁不曾在林间空地上见过它那浅黄色的身影呢？它的幼虫生活在鼠李上。你不妨去找找这种绿色的小虫子。不过，由于体色与叶子的颜色完美契合，你要仔细观察才能发现它们躲在灌木丛里。

　　蓑蛾的幼虫会冬眠。哪怕是在温暖的房间中，它一到冬天也会变得不爱活动和吃东西，并开始建造自己的住所。观察它用草茎、针叶和秸秆搭建套子般的"小屋"，可是件非常有意思的事儿，在冬天里就更引人入胜了。冬天……能找到只睡眼惺忪的苍蝇都算是不错的了。

　　不过，有一种昆虫能帮上你的忙。它的幼虫并不冬眠，住处与蓑蛾的套子也有几分相似。

　　这种昆虫就是石蛾。

　　或许你曾多次从石蛾的成虫身边走过，却从未看到过它。或许你还在旁边站了一会儿，看着它却不知道这是什么。等你再往下读几行，你就会回想起来……

　　石蛾是一种其貌不扬的昆虫。它的体形不大，算是中等吧，浑身灰不溜丢的，或者略带点儿褐色。它有四片暗色的翅膀，在背上收成了一个"盖子"，长长的触角伸向前方。从外观上看，停落的石蛾就像一只巨大的普通蛾子。

　　要寻找这种昆虫就得去水边。它们通常躲在岸边的草丛或灌木中，白天很少活动。即使突然受惊，石蛾也不一定会立刻飞起来：它往往会快速地来回乱爬。在这个时候，小小的石蛾就显得特别像蛾子：两者的动作都很灵敏，而且都喜欢来回爬动。

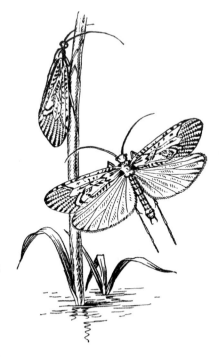

到了晚上，石蛾就会在空中飞舞。人们经常可以在水面上看到这些昆虫：它们不时在水上停落，片刻后又重新起飞，或者只是从水面上掠过。每个钓鱼人都认识这些小虫子：在它们晚上群聚飞行的时候，水面上时不时会浮现出几个圈圈，那是鱼儿掀起的浪花。除了欧白鱼之类的小鱼外，连体形庞大的雅罗鱼也会捕捉石蛾。

石蛾中比较小的几种常常在夜晚的灌木丛或檐角"挤成一团"。它们会成群地飞上飞下，虫群在日落的背景下远远就能看到。有的时候，在离水域一里地甚至更远的地方也能看到这样的虫群。

为什么它们偏偏在这个檐角聚集呢？附近的屋顶和檐角多得很，有些还离水近得多。奇怪，它们不知怎么就看上了这个屋顶，便在其檐角下聚了起来。要是你挥着捕虫网驱赶它们，它们也只是散开一会儿，几分钟后又重新开始抱团。为什么在这儿而不在别处，这是石蛾的"内部秘密"。

成年石蛾的寿命很短，通常只有几天到一周，偶尔也能多活一段时间。

石蛾的口器极其不发达，只能用来吸吮水珠，有些个体甚至连吸水都做不到。

没有养料自然活不久：水可不是养料呀。饲养箱的观察表明，如果为石蛾提供糖水而不是纯水，它们就能活得久一点。有些种类平均能活两三个月之久。

石蛾的生活与水息息相关，因为它的幼虫正是生活在水中。

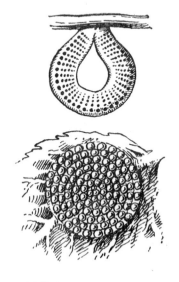

雌虫的产卵方式各不相同，有的落到水面上产卵，有的沿着植物爬到水下产卵，还有的在岸边把屁股伸进水里产卵。许多种石蛾产的卵团中含有大量胶质，这些胶质在水中会剧烈膨胀，便产生了一团团像蜗牛卵一样的东西。石蛾的卵团可以在萍蓬草和睡莲叶子的背面或者水下植物上找到。这卵团有时看起来像烧饼，有时像圆形的小球，有时像粗粗的环。有些种类的石蛾把卵产在垂向水面的植物上。黏液团的表面会变干，形成一层能防止虫卵丧失水分的外壳：让虫卵里的水分不会蒸发掉。到了孵化前夕，卵团的胶质会变稀，开始一滴一滴从叶子上流下去，于是孵出来的幼虫最终就掉到了水里。

与成虫相比，石蛾的幼虫要有趣得多。你可以在河流、湖泊、池塘甚至是沼泽里的水洼或常年满水的沟渠里找到它们。要捕捉幼虫根本用不着捕虫网。只要站在岸边往水底仔细观察，如果有幼虫就很容易发现。你可以直接用手去捕捉幼虫：它可不是什么灵敏的水甲虫，既不会奔跑也不会游泳。

我们需要了解幼虫所在之处的典型迹象，那就是它藏身的"小屋"——一个管状的套子。

不同种类的石蛾用不同的材料来"搭房子"，有的用沙粒，有的用贝壳，有的用植物碎块，这些建筑材料的形状和铺设方式也各不相同。

在湖泊、池塘、沼泽水洼和岸边的水草中，常常可以见到沼石蛾的幼虫。它们的"小屋"是用在水中泡得发黑的枯枝败叶、云杉的针叶以及浮萍的叶子筑成的。

植物残片中有时会混进水生蜗牛的壳，一般是些光滑的小型螺旋状蜗壳，里面偶尔还有活蜗牛。幼虫挑选的是水底的蜗壳，其中有些并不是空的，它的"主人"还没有离开呢。

"小屋"常常是由两种颜色组成，特别是在春天，因为幼虫把绿色的浮萍和绿色的草茎也拿来"搭房子"了。用这些材料做成的套子泡在水里会渐渐变成棕色，等冬天过后基本就成了黑色了。到了第二年春天，幼虫又会在套子上加盖"新鲜"的绿色植物。

幼虫躲在套子里，只伸出头、胸和脚，缓慢而笨拙地在水底爬动：它在寻找食物以及建造住宅的新材料。

沼石蛾幼虫靠鳃呼吸，所以它需要富氧的水。因此，清澈的活水中往往有很多幼虫，特别是在冰冷的泉水或山间的小溪中。在不流动的水域中，幼虫会附着在水下植物丛生的地方：那里的水富含氧气。

套子可以保护幼虫免受伤害，它把头和脚都缩回套子，就能躲过一些小型敌人的攻击。可是，这"小屋"并不能保护它躲过更大的敌人：鱼儿可以直接把幼虫连带套子一起吞下去。

沼石蛾的幼虫刚一出壳就已经开始"搭房子"了。随着幼虫的生长，它会一直在套子前面搭建新的部分，而后面却渐渐地坏掉了。跟蓑蛾的套子一样，石蛾的套子也有一个开在后面的口子。这个口子是各种排泄物的排放通道，此外也是水流的出口：幼虫不断地通过套子排出里面的水分。

套子的所有建筑材料都会凝成一团，好像是被粘起来了一样。幼虫的下唇末端有一个小小的铲状物，上面是丝腺的开口（同我们在蝴蝶幼虫身上观察到的大致相当）。这些开口中会分泌一种遇水就快速凝固的黏性物质。幼虫把它涂抹在沙粒、贝壳和植物残片上，将它们黏起来固定在套子上。它还用这种物质在套子内部做了一个垫层，使得"小屋"的内墙就像贴上了一层光滑的丝绸壁纸。

沼石蛾的幼虫在水族箱里很好养，只要水里富含氧气就行了。为此就要在水族箱里种一些水生植物，并尽量保持水质清洁，要是有循环泵的话也可以用一用。饲养幼虫最简单的是喂它们切碎的生肉末。不过，这种饲料会让水质迅速恶化，所以要控制好饲料的投放量，让幼虫能很快吃完所有肉末，不留下一点儿残渣。即使有吃剩的也不能在水族箱里放太久，超过一天就得把旧肉换成新肉。

在水族箱里观察套子的搭建过程并不很难。这个实验比观察蓑蛾幼虫的实验简单多了，而且还可以在冬天进行。

不过，水族箱并不是一个非常方便的观察场所：从上面看要透过水体，从旁边看又隔着玻璃，不管怎么样都会影响视线。

至于放大镜就更不用提了：放大镜在这里根本不管用。

我用一个比较浅的玻璃坩埚（或者一个比较深的碟子更简单）作为安置幼虫的场所。在容器底部放一些搭建"小屋"的材料，然后把它放在一张白纸上，好让观察更加清楚。水不要倒太多：没过"小屋"约一厘米即可。

首先得把幼虫从套子里赶出来。为此得拿木棍或大头针的钝头从"小屋"后面的开口伸进去，把幼虫捅几下就行了。这个操作必须非常小心，以免伤到幼虫。受惊的幼虫最终会钻出套子。

要是套子还留在原地，幼虫又会重新躲进去。这也算个小实验，尽管看上去没什么意义，但你也不妨做一下试试。

幼虫在套子旁边爬动着，把脑袋钻进去又拔出来，重新开始爬动，又把脑袋钻进去……最后它终于跟套子对准了，把屁股塞到套子里，然后倒退着钻了进去。

可万一"小屋"消失了呢？那又会发生什么事情？

幼虫不安地在水底爬动，寻找着自己的"小屋"。"小屋"已经不在了，可它依然在继续寻找。最终它停止了搜索，至于原因就不太好说了。如果这是个人在找东西，我们大概可以说："他找烦了"或者"他觉得肯定找不到了"，但肯定不会把这种说法用在幼虫身上，毕竟它可不是人呀！总之，过了一段时间，幼虫就不再寻找"小屋"了。

它开始用嘴和脚捡起各种细碎的植物残片，然后用丝线把它们粘合起来，裹在自己身上。幼虫显然是急着要想办法藏起来，至于怎么藏倒无所谓，只要能藏起来就好。

这个"初步"的套子并没有特定的形状，里面也没有丝线织成的垫层，看上去不过是一堆乱七八糟粘在一起的植物残片。幼虫需要一个藏身处，哪怕是临时的也行，所以它很快就把藏身处搭了起来：只花了一个小时左右。躲进这个粗制滥造的"建筑物"后，幼虫终于安静了下来。它在里面休息，吃了点儿东西，然后开始建造常住的"小屋"。

这一回，幼虫不再是碰到什么就捡什么了，而是非常仔细地挑选需要的材料。每当捡起一小截茎秆或一小片叶子，幼虫都会把它翻来翻去，试试大小，并咬成合适的尺寸。它把合适的碎片放在"临时住所"的前端，将丝腺的分泌物涂抹在碎片的内侧和外侧，由此把它粘到套子上。

　　　　　　　　幼虫就这样一片接一片地
把建筑材料叠起来，同时也在
不断拉长覆盖"小屋"内墙的
丝绸垫层。里边的"壁纸"也
随着外边的套子一起生长。

　　有些种类的石蛾只要三个小时就能建好一座新的"小屋"，也有些种类
得花好几天才能完成。

　　等到套子竣工的时候，幼虫其实已经住在里面了。临时的"小屋"与
常住的"居所"连在了一起：一开始，幼虫是把"固定住所"的墙壁粘在
"临时住所"的前端，然后再继续往前施工。这个粗劣的套子还会在"小
屋"的后面拖上一段时间，但很快就会土崩瓦解，或者被幼虫扯咬下来。

　　我们也可以让幼虫用不寻常的材料来"搭房子"。被赶出住宅的幼虫也
会用碎纸片、碎布片和花瓣来建造新的"小屋"，只要碎片的大小合适或者
容易让双颚修整就行。要是尺寸合适的话，它甚至会用蛋壳来"搭房子"。
要搞清楚需要的大小也不难：只要用大头针把之前的"小屋"弄碎就行了。

　　我曾多次让幼虫用各种各样的材料来"搭房子"。

　　首先，我将幼虫从水族箱转移到小盆子、深碟子或玻璃显影盘中，并
在临时住所的底部撒一些能用来搭建新套子的材料碎片。我对这些材料毫
不吝惜，不管大块小块都拿了一些，并把它们切成圆形、方形或条形，或
者干脆撕成各种奇形怪状的小片。让幼虫自己去挑选吧。

　　等一切就绪之后，我就把幼虫从套子里赶了出去。

幼虫在盆底快速爬行了一阵，发现套子找不到了，便开始捡起碎片盖到身上。它建造了一个临时的藏身处——其实不过是一堆乱七八糟的碎片。在那之后，它才开始建造固定的住所。这回它已经不是捡到什么就用什么了，而是进行了精心的挑选。必须承认，这些小虫真的是非常挑剔，尽管不太清楚它们偏爱某些碎片的原因。

有时候碎片太大了点儿，但幼虫不知为什么偏偏看中了这一块。它开始试着把碎片安上去，可不管怎么放都是白费功夫：碎片太大。于是它试着把多余的部分啃掉，但它的双颚咬不动结实的绸子。幼虫就这样反反复复地尝试和啃咬，直到多次失败后才转而抓起另一块碎片……

如果你养了一只用沙粒搭建套子的幼虫，你也可以给它小珠子或玻璃碴儿之类又小又硬的碎粒儿。它能用这些材料搭起一座五彩缤纷的漂亮"小屋"。如果把玻璃碴儿按照颜色分成几份，首先给它一份，然后再给一份，它搭出来的套子就会有一道道彩色的环纹。

幼虫会动用各种各样稀奇古怪的材料，植物的碎片也不例外，凡是在水底能找到的东西，它都可能拿去加在自己的套子上。

石蛾的套子不仅是它的住宅，还是一种伪装手段。这座"小屋"是用铺在水底的材料建成的，所以能很好地隐藏里面的住户。在满是烂泥和植物残骸的水底，用碎叶或碎枝建成的套子就不容易被发现；而在铺满沙子的水底，用沙子建成的套子也很难同背景区分开来。

用彩纸搭建套子的幼虫也遵守着上述的"规则"：用铺在水底的材料搭建自己的住所。尽管这些材料并不寻常，但因为同背景色比较相符，所以依然能发挥伪装的作用。

不过，并不是随便哪种幼虫都会拿随便哪种材料来搭套子。不同种类的石蛾幼虫有着不同的行为习性，比如那些总住在沙质套子里的幼虫就不会用碎纸或碎叶来建造"小屋"。

石蛾的幼虫会冬眠，并在次年春天或夏初化蛹。在化蛹之前，它会用虫丝把套子的两端封住，但并不是完全封死，而是留下两个像气窗一样的小洞。水流还是和以前一样能从套子中排出去。

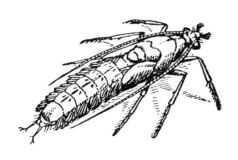

石蛾的虫蛹看上去就像它的成虫，只不过翅膀比较小罢了。这虫蛹的某些器官将会成为日后成虫的器官，但也有一些独有的器官。

复眼、长长的触角、六条腿和翅膀——这都是日后成虫的器官。

虫蛹的上颚（或称大颚）高度发达，上唇长满了向上突出的刚毛。这些刚毛是用来清理"小屋"前端的虫丝盖子的。如果盖子被淤泥弄脏了，套子里的水流就会变缓，水流一变缓，虫蛹吸收的氧气就会变少。这会对虫蛹产生影响，于是它开始摆动头部，用上唇的刚毛清理"前门"的"气窗"。虫蛹的屁股上长着几个凸起，上面满是刚毛和尖刺，可以用来清理"后门"的"气窗"。当然，这个器官是虫蛹独有的，因为成虫根本用不着这样的"清理装置"。

"小屋"里的虫蛹会在水底待上约一个月的时间。

当破蛹之日到来时，虫蛹便会用强壮的双颚咬穿"小屋"的前门爬到外面。看到爬行的虫蛹也别大惊小怪：虫蛹不一定都是不会动的。

虫蛹靠着几条腿的划动浮到了水面上。它在水面上游动，寻找植物的茎部或其他突出于水上的物体，沿着这个物体离开了水面。虫蛹的背部在空气中裂了开来，成年的石蛾就透过这条裂缝钻到了外面。有的时候，虫蛹也会在水面上游动时直接把背部暴露在外面，然后在水面从背部裂缝破蛹，这与蚊子的破蛹形式十分相似。石蛾会在蛹壳上待一会儿，好像乘着一片木筏，直到身体变硬才离开。

# 11. 上当的毛虫

初春时分，你最早见到的蝴蝶共有两种：一种白色，一种彩色。在我们这儿，白色的蝴蝶就连大城市的街上都能看见，而彩色的蝴蝶就只是偶然来访的"客人"了。原因很简单：彩蝶的幼虫生活在大麻上，而城里又哪来的什么大麻呢。不过，这白蝴蝶也不是全身都白，而是在前翅上长着黑色的尖端和小点儿。它的名字叫作……

"翅膀上有点黑色斑纹的白蝴蝶，那肯定就是欧洲粉蝶了。"许多人都会这样想——包括只认识几种最普通的蝴蝶的小孩儿、已经上学的孩子，恐怕也有早就"读完中学"的成年人。如果是夏天，这种想法可能对错参半，但若在蝴蝶飞舞的早春时节，就是完全错误的了。

在城里飞舞的第一批白蝴蝶根本就不是欧洲粉蝶，而是它的两位姐妹：菜粉蝶和暗脉粉蝶。它们的出现时间要比欧洲粉蝶早一到两个星期。

这两种蝴蝶比欧洲粉蝶小一点儿，翅膀上的小角儿和斑点也不是黑色的，而是灰色的。

到了夏末，欧洲粉蝶已经不见踪影了，但菜园里还能看到它的幼虫。

凡是种过卷心菜的人应该都很熟悉"菜青虫"。有时园子里的卷心菜只剩光秃秃的菜梗，剩下的都被贪吃的菜青虫吃得一干二净。当然，如果菜农好好治理一下害虫，就不会发生这种情况了。

欧洲粉蝶是一种极为常见的蝴蝶。从俄罗斯北方的阿尔汉格尔斯克<sup>①</sup>到

---

① 俄罗斯北部城市。——译注

南方，从波罗的海沿岸到伏尔加河①流域，到处都能看到它的身影。在乌拉尔山②以东，欧洲粉蝶只生活在西西伯利亚的部分地区。欧洲粉蝶在接近伊尔库茨克③的地区也能见到，但非常少见。不过菜粉蝶和暗脉粉蝶在那里就比较寻常了。

春天该上哪儿去找欧洲粉蝶呢？

欧洲粉蝶的幼虫生活在卷心菜地里，并在附近化为虫蛹，那么蝴蝶就会出现在菜园附近。然而，春天的菜园里却很少能看到欧洲粉蝶。

为什么？因为它们在那儿还没事可干呀。

蝴蝶得吃东西，它的食物是甘甜的花蜜。可春天的菜园里哪有什么花朵呀！只有一排排光秃秃的土埂罢了。

既然菜园里吃不到东西，蝴蝶就飞到别处寻找"花朵食堂"了。而且它也没法把卵产在卷心菜上，因为春天的菜园里一般还没有秧苗呢。这也就是春天很少有欧洲粉蝶光临菜园的原因。

那么该飞去哪儿呢？自然是去既能让蝴蝶饱餐一顿，又能为毛虫提供口粮的地方了。

欧洲粉蝶的幼虫并不只吃卷心菜，而是以所有十字花科的植物为食，比如芜菁、芜菁甘蓝、白萝卜、芥菜和油菜，此外还包括山芥、野萝卜和

①　欧洲第一大河，流经俄罗斯欧洲部分的中南部。——译注
②　俄罗斯主要山脉，为亚洲和欧洲的地理分界线。——译注
③　俄罗斯东部城市，位于贝加尔湖畔。——译注

荠菜等十字花科的野生植物。

卷心菜还没有种下，田垄上也看不到芜菁和芜菁甘蓝的叶子。但没关系！欧洲粉蝶就往田野和荒地上飞，在菜园附近翩翩起舞。在这个时节莫斯科郊外的荒地上，有些地方不知盖上了一层什么黄色的东西，其实那是山芥的花朵。欧洲粉蝶也会飞到它们那儿去，吸吮香甜的花蜜。粉蝶们还在花上产下了卵，为自己的后代准备好了住处。

野生的十字花科植物是危害卷心菜、芜菁、萝卜等十字花科蔬菜的害虫的温床。有一种小小的甲虫名叫跳甲，会在春天时危害芜菁和萝卜的幼苗；菜蚜和卷心菜猿叶甲（又称辣根猿叶甲或"巴巴努哈"[①]），还有菜粉蝶和暗脉粉蝶，这些昆虫都以野生的十字花科植物为生。它们也会以这些野菜为根据地去侵袭菜园里的植物。所以说，要是菜园边上有山芥、遏蓝菜、野萝卜或它们的近亲植物，园里的田垄就有危险了：有不请自来的客人嘛。

在春天时观察欧洲粉蝶要比盛夏时困难一些。首先它们春天数量就比较少，而且还飞到了不同的地方。盛夏过后，新一代的粉蝶已经出生，观察起来就要容易点了。此时的欧洲粉蝶要多很多，而且它们就在田里的卷心菜旁飞舞着呢。

不过话说回来，每个人都会按自己最方便的办法来观察嘛。最好的办法是从春天直到夏末持续观察欧洲粉蝶。夏初没观察够的东西，放到夏末再来也不算迟。

从哪儿开始观察呢？

欧洲粉蝶的一生是从寻找食物开始的。要看看它吸吮花蜜的进食场景并不是什么难事。只要稍稍留点儿心，蝴蝶就会在你的眼皮底下安闲自得地用餐。

---

① 俄语音译。——译注

你也可以在家里的饲养箱里观察到这样的情景。

请抓一只欧洲粉蝶，把它带回家放到饲养箱里。当然，不管是把它从捕虫网里取出来，还是放进盒子里，然后再转移到饲养箱，这些步骤都得非常小心才行。蝴蝶的翅膀很容易被弄皱，上面的鳞粉就脱落了。万一把它搞残废了，还能指望从它那儿观察到什么呢？

往饲养箱里放一根带有花朵的山芥：蝴蝶会非常乐意享用十字花科植物的花蜜。为了防止花朵枯萎，你可以把山芥插在一个装水的小袋子里。

做完上述准备后，你就可以坐在饲养箱旁等待了。

饥饿的蝴蝶不会让你等上太久的。可要是它已经吃饱了呢？那就等到它饿了再说呗。把山芥从饲养箱里拿出来放到一边。过一两天，蝴蝶应该就会觉得饿了，此时再把食物给它，如果它真的饿了就会立刻开始吮吸花蜜。要是没有呢？那只好再忍一天咯……

你会观察到什么呢？山芥的花朵是由许多小花组成的花序。欧洲粉蝶会同时停在好几朵小花上，但它显然只会从其中一朵中摄取花蜜。它落了下来，展开口器，将口器伸入花冠深处。过了一分钟左右，它把口器从花里抽出来重新卷好。饭吃完啦！

如果你想观察欧洲粉蝶是如何产卵的，还是去菜园里看比较容易。可不管是在春天（得有秧苗，特别是在温室里更好）还是夏天（到田垄的卷心菜上找），你都得先了解蝴蝶产卵前会有什么迹象。

这种迹象是很明显的。

请你仔细观察一下种卷心菜的田垄：上方有没有欧洲粉蝶在飞呢？那大大的白蝴蝶从远处看也一目了然。飞着的是雄蝴蝶还是雌蝴蝶呢？要区分它们也并不困难：雌蝴蝶的前翅中央有一些黑色的斑点，而雄蝴蝶则没有（两种蝴蝶前翅的小角儿都是黑色的）。就算是飞着的蝴蝶身上也能很清楚地看到斑点，当然得靠近了才行。

雌蝴蝶并不只是在田垄上飞，它一边飞行还在一边寻找适合产卵的菜叶。并不是所有的菜叶都能承担这个任务：欧洲粉蝶把卵产在叶子的背面，而有的叶子的背面就不适合停落。枯萎发黄的菜叶自然要被淘汰。此外，蝴蝶对菜叶可能还有些别的"要求"——有时候它显得相当挑剔。

在田垄上飞舞并不时在卷心菜上驻足的雌蝴蝶就是我们需要的迹象。要是它飞飞舞舞又停停落落，就说明它正忙着产卵了。

请你小心翼翼地靠近一条这样的田垄，静静地站在一旁等待。

蝴蝶落了下来，然后……立刻就消失了。你可别乱动，别试图去寻找它。只要安静地观察叶子就行了。

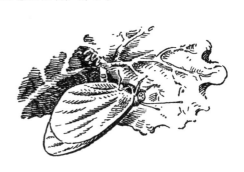

蝴蝶并没有溜走，它还在那儿。只要仔细看看就能发现它的藏身之处，而一旦发现就明白为什么它会消失了。

落到菜叶上之后，欧洲粉蝶会收起它的翅膀。此外，它还把前翅折向后面，于是前翅的主要部分都夹在了后翅之间。后翅的背面并不是纯粹的白色，而像是沾了粉末的暗色。如此一来，收起翅膀的蝴蝶在菜叶上就很难注意到了：此时这种颜色就成了它的"保护色"。欧洲粉蝶的保护色并不像其他某些蝴蝶那样具有极强的"欺骗性"，例如折线蛱蝶：后者停在树皮上时几乎是看不出来的。尽管如此，只要欧洲粉蝶把翅膀一收，这种保护色也能让它不易被发现。

蝴蝶落到菜叶上，收起了翅膀。还不到一分钟的工夫，它就抬起身子并把肚子蜷曲起来，用屁股飞快地碰了一下叶子的表面，然后又重新抬了起来。叶子上出现了浅色的虫卵。

蝴蝶每分钟都要让屁股碰叶子三到四下，每一下都会产出新的虫卵。它把卵一个挨一个地产在一起，形成了一个卵堆，也就是所谓的"卵斑"。虫卵"站立"在叶片上，因为蝴蝶在产卵前会从腹部分泌出一滴黏液，把虫卵粘在上面。

它会产下多少个卵呢？这取决于两个因素：首先是它体内有多少卵已经成熟，其次是它停留一次能产下多少卵。

如果你惊动了欧洲粉蝶，它就会中止产卵飞走了。不错，它很快又会重新落下来，但那已经是在另一片叶子上了。要是你不打扰蝴蝶，它就会把体内储藏的所有成熟的卵都产下来：它们全都聚在一起，形成一片卵斑。

因此，不同卵斑中虫卵的数量可能有很大的差异。在不受打扰的情况下，蝴蝶能在叶片上整整待上半个小时，卵斑里大约能有 100 个虫卵。要是一开始就受到惊吓，那卵斑里可能就不到 10 个虫卵了。不管怎样，蝴蝶总会把所有成熟的虫卵都产掉，要么一次解决，要么分好几次。在那之后，它就飞到花朵上食用花蜜。过了几天，它又会产下一批新的虫卵。

一只欧洲粉蝶最多能产下 250 个虫卵。

刚产下的虫卵颜色非常苍白，但它们很快就会开始变黄，过了一昼夜就成了柠檬黄色。黄色的卵斑在绿色的叶子上清晰可见。

欧洲粉蝶的卵形状就像上端被拉长的水桶，或者说像个瓶颈碎了的长颈瓶。这虫卵并不算很小：长约 1.25 毫米，直径比 0.5 毫米略多一点。

用放大镜可以看到，卵的外侧有一些纵向的棱条（12 条），棱条之间有许多横纹。这可真是个漂亮的"小桶"，可惜只有在显微镜下才能好好看清！

如果你想在夏初的卷心菜上寻找欧洲粉蝶的卵，就得注意别把它们同另一种害虫——甘蓝夜蛾的卵搞混了。甘蓝夜蛾也会在菜叶的背面产下卵斑，而且卵也是黄色的，但比较低矮，呈半球形，顶端不突出，还略带点儿红色。

你可以把附有卵斑的菜叶放到饲养箱或罐子里，等待幼虫的孵化。然后把它们养大，得到虫蛹，最后孵出蝴蝶。这并不是什么特别难办的事情。

饲养箱里有一片卵斑。过了一周或一周半，卵就会孵出毛虫。"一周"和"一周半"，这是两个简简单单、毫无意思的词。可为什么有时是一周，有时是一周半呢？如果是在北方或中纬度地区，孵化的时间就是一周或一周多；要是在温暖的南方，只需三四天就够了。

影响卵中胚胎发育的因素是什么呢？显然是温度。昆虫的一生中有很多事情都取决于温度。

要怎么证明这一点呢？需要做个简单的实验。

我们的实验只需要几个卵斑、相同数量的罐子或饲养箱，外加一个温度计。在每个饲养箱（罐子）里放一小片带有卵斑的菜叶，并为每个饲养箱寻找一个合适的地方。这些地方必须是处于相差很大的温度条件下。假设有三个地方吧：凉爽的地方，温暖的地方和炎热的地方。在夏天，要找个凉爽的地方比温暖或炎热的地方要困难点。盖在地窖上的房子或凉爽的地下室都是很好的实验地点。至于温暖的地方嘛，一般的房间就行了。炎热的地方可以选择厨房或带有铁屋顶的阁楼。

在每个地方都放一个装着虫卵的饲养箱，实验就开始了。首先得量一下温度。在凉爽的地方，一天之内的温度变化不大，而在温暖和炎热的地方就不一样了。举例来说，阁楼上的温度白天要比夜间高得多，在厨房里也是如此。放在房间里的温度计也会测量到温度的变化。在凉爽的地方，每天只需进行一次记录；而在炎热的地方，一天得记录三次才行（早晨、最炎热的时候，以及屋顶已经冷却的晚上）；在温暖的地方记录两次（早晨和黄昏）。不过一个温度计也够用了，只要把它在不同地点之间转移一下就好。

蝴蝶产卵的日期当然也得记录下来。这个记录必须非常准确：因为我们是按照天数计算的，哪怕记录出了一天的纰漏，也会让整个实验泡汤。此外，幼虫孵化的时间自然也要得到准确的观察。

实验表明，温度越高，胚胎发育越快。盛夏的气温比暮春或夏初高，所以虫卵在不同季节的发育时间也不尽相同。不同的天气状况也会造成影响：连绵不断的阴雨天会导致幼虫晚几天破壳，而酷暑则会加速它的孵化。

在幼虫破壳之前的几小时，虫卵的颜色会变得很浅，顶端鼓了起来（这里便是幼虫的头部所在的地方）。这是个非常重要的信号，想看看幼虫破壳过程的一定不要错过。它还能帮你做出准确的记录。

破壳的日子来临了。黄色的卵斑变得苍白，再加上鼓鼓的顶端，看上去有点儿脏兮兮的。

一小时，两小时……毛虫终于出现了。此时你可不能离开饲养箱：毛虫们的破壳相当整齐一致，只要稍稍走开一会儿，就很容易错过破壳的场景。

请你从罐子或饲养箱中拿出一小片菜叶，把它放到面前的桌子上。在饲养箱里可看不到什么东西：虫卵和幼虫都是些小不点儿，绝非什么庞然大物。只有"近距离"才能观测它们。

此外，只用肉眼观察是不够的：没有放大镜就很难好好看清楚。请记住：如果你打算观察研究昆虫的生活，就必须准备一个放大镜。哪怕有个放大 5 倍的也成，不过要有比较长的焦距：放大镜离观察对象越远，你就能越安心地进行观察。不过，观察毛虫的破壳用焦距更短而放大倍数更大的放大镜也可以：小小的毛虫并不会被放大镜吓到，而虫卵就更不用说了。

就算看到虫卵已经褪色了，你也不必马上把放大镜凑到跟前：用不着在放大镜下连续看几个小时呀。先用肉眼看着就好，等你发现已经"开始"时，再把放大镜移过去。

有一个卵鼓鼓的顶端冒出了一个小洞，里面有什么东西在蠕动着。这就是信号！

旁边的卵还很安静：顶端什么事都还没发生。如今你可别把放大镜移开虫卵，也不要让眼睛离开放大镜。

过了几分钟。在虫卵的顶端，大约也就是它开始收缩的地方，出现了一个只能勉强看清的小黑点。一分钟，两分钟……黑点共有两个。又过了几分钟，你终于看到（确切地说是猜到）了，这两个黑点原来是幼虫的颚呀。

小小的毛虫想钻到外面，于是开始咬穿虫卵的外壳。双颚一张一合，不停地工作着。它在啃咬。

小洞变大了点儿，双颚已经啃掉了它的边缘，于是洞变得越来越大……

瞧，小洞里出现了一个黑色的小脑袋，就像透过窗户一样钻到了外面。随后出现的是几双小脚：第一双脚，第二双脚，第三双脚……幼虫蜷起身子往外钻。它其实不用特别费力也能挤过小洞：小家伙只有脑袋最大，只要这一部分通过了小洞，身体就能很容易过去了。幼虫蜷曲身体并不是因为觉得太挤，它只不过是在向外钻。

毛虫的身体比 2 毫米略短一点（大约 1.75 毫米）。这么个小不点儿，不用放大镜又能看清什么呢？

毛虫一个接一个透过"阁楼的窗子"往外看，然后都从卵里钻了出来。不久之后，卵斑上就满是长着大脑袋的小虫子了。它们不慌不忙地四散爬开，稍微休息了一下就开始享用出生后的第一顿饭。

它们的第一份食物就是卵壳。

在饲养箱里，卵斑是附在一小片菜叶上。这菜叶在好几天前就被剪了下来，如今早就干掉了。这对于成年的毛虫也不是什么适口的食物，对于刚出生几小时的小家伙自然更不用说了。毛虫们四散爬开，寻找着……它们看上去非常焦躁不安：没有吃的嘛。要是给它们一片新鲜的叶子，它们就会爬到上面去。

如果是在菜园里的田埂上，那么毛虫们吃完卵壳也立刻能找到食物：下面就是卷心菜，它们开始用餐，啃食着叶片的柔软部分。

卵斑附在叶片的背面，所以幼虫也出生在那儿。它们一整窝都住在同一个地方并以叶片为食。在生命的最初阶段，幼虫吃得并不太多，而身边的菜叶可以吃好长时间呢。

过了四五天，就到了幼虫第一次蜕皮的时刻。

蜕皮前的幼虫行为会发生明显的变化：它们停止进食，很少运动，然后开始为蜕皮做准备。

哪怕是在平地或是某个水平表面上，蜕皮也不是件简单的事情，更何况在叶子上呢？毛虫附在菜叶的背面，要是菜叶伸向一旁垂到地面，那它就相当于倒挂在天花板上；而要是菜叶"直立"着，那它简直就是贴在墙上了。

在蜕皮之前，毛虫会设法更稳地固定在叶子上。此时它已不仅仅是用脚抓住叶子，而是吐丝把自己拴在叶面上。蜕皮的过程持续约一昼夜。幼虫的体色会发生改变：首先发灰，然后变黑。在头后部的旧皮上出现了一条裂缝，幼虫的脑袋就是从这里探出来的，然后整个身子也跟着爬了出来。旧皮留在叶子上：那里既有从身上脱下的外皮，也有从脚上脱下的"套子"，还有原来保护头部的外壳（也就是所谓的"头盒"①）。

蜕皮后的幼虫会连着几个小时一动不动。等身体变结实之后，它才开始进行日常的活动：吃东西。

蜕皮后幼虫的体色也发生了变化。刚爬出虫卵的幼虫有着赤红色的身体和黑色的脑袋，身上还有少量刚毛和纤毛。蜕皮后的它则是青绿色的，身上有三道黄色的纹路和许多黑色的小斑点。凸起的体节上耸立着不少刚毛。

又过了四五天，毛虫又要蜕皮了。

它总共会蜕四次皮。如果是在初夏，毛虫再过四周就会化蛹，而如

———————————
① 原文如此，中文似无对应说法，此处直译。——译注

果是在夏末，它的发育几乎要快上一倍：只要两周或两周半，它就会变成虫蛹。

温度对幼虫的发育速度有影响，这一点检验起来并不困难。把一个装着幼虫的饲养箱放在炎热的地方，再把另一个放在温度稍低的地方，看看第二个箱子里的幼虫的发育比第一个的滞后多少。

在第二次蜕皮之前，毛虫们会四散爬开。如今它们不再一窝子住在一起了，而是三三两两地分散居住。

第三次蜕皮之后，毛虫就开始单独生活了。

年幼的毛虫很难一眼看到，因为它们生活在叶子的背面。成熟的毛虫会爬到叶子的正面，很容易就能注意到。

表面上看，体形又大刚毛又多的幼虫待在叶子上简直太显眼了，很容易就会变成鸟儿的猎物。但并非如此！鸟类并不喜欢捕食欧洲粉蝶的幼虫。

瞧，菜叶上有条快要成熟的毛虫在吃东西呢。请你弯下腰看一眼：它依然十分平静。而如果你碰了它一下，它就会当场僵住。它并不急着弯成圈儿或者从叶子上掉下去，而仅仅就是僵直不动。要是再碰碰它，毛虫就会蜷曲身子，然后抬起上半身，转动脑袋，并从口中喷出一股绿色的泡沫，试图把"敌人"身上弄脏。这是一种酸液。

欧洲粉蝶的幼虫体内长有毒腺。毒腺位于头部与胸部第一体节之间的身体下部。它会分泌出一种刺激性的酸液，如果在手里同时抓着几十只毛虫，手指就会开始瘙痒，有时还会起疱，皮肤发红甚至发炎（所以切勿用手直接去抓这种幼虫！）。

绿色的酸液中还掺杂着有毒的液体：毒腺的位置与口部非常接近。这种毛虫

身上实在没有多少美味的肉，所以大多数鸟类都不愿把它当作猎物。

你可以做个实验，看看鸟类是否喜欢捕捉欧洲粉蝶幼虫。这个实验最好在筑巢的时候进行：鸟爸鸟妈需要很多食物来喂养小鸟，所以它们非常努力地寻找着昆虫。在人类的生活场所附近筑巢的鸟类有麻雀、红尾鸲和白鹡鸰等。它们在花园和菜园里捕捉昆虫，你可以在它们身上做个实验。

做这个实验光有欧洲粉蝶的幼虫还不够。就算鸟儿拒绝了你提供的食物，又能说明什么问题呢？也许它们只是对猎物的外表感到不快，也许只是不喜欢你用来"上菜"的"盘子"。或许还能找出一些别的理由。

你得给鸟儿提供选择的机会，这样的实验才有说服力。因此，请你再去收集一些别的毛虫，但这并不是随意挑选。重要的是，作为对照的毛虫必须是完全可以食用的。最好是找些体表光滑（许多鸟类不愿吃体毛很多的昆虫）并且颜色不鲜艳（绿色、灰褐色或灰色）的毛虫，因为体色鲜艳往往意味着味道很糟。

把毛虫分散地放到板子上，但实验里用到的板子也有讲究。新木板鲜亮的色泽可能会让鸟儿受惊，因此要找块灰暗的旧木板。

你可以用细细的大头针把毛虫固定在板子上，也可以用强力胶把它们粘上去，还可以把它们"缝上去"：用丝带把它们捆住（丝带的末端粘在板子上）。固定的方式其实无关紧要：重要的是不能把它们弄死，同时不能让固着物惊吓了鸟儿。

把板子放到一个合适的位置，让鸟儿从远处就能清楚地看到，然后观察它们怎么挑选毛虫：是不加分辨地一股脑吃掉呢，还是会有所选择。

单靠刺激性的"绿色液体"并不能让毛虫幸免于难。要想尝一尝猎物，鸟儿首先得把它叼住，而鸟喙的啄击会伤到毛虫。就算鸟儿立刻把它丢掉，它也会受伤而死。

是体色救了毛虫的性命。欧洲粉蝶幼虫的体色是一种非常鲜艳的"警戒色"。只要试吃过一次，鸟儿就绝不会再次接触这种幼虫：它记住了教训。何况色彩斑斓的生物本来就容易让鸟儿感到惊惧。

刺激性的味道是一种自卫手段，但它并不能挽救被鸟儿叼在嘴里的那只毛虫。这其实是欧洲粉蝶幼虫的"整体"，或者说整个幼虫"部落"的自卫手段。就算有几只幼虫被鸟类杀死了，但它们的"部落"却取得了胜利。个体的消亡换来了群体的安全。

欧洲粉蝶的幼虫只吃十字花科植物的叶子，就算饿死也不会去吃大麻、白桦、甜菜、椴树等非十字花科植物的叶子，只有少数几个例外：它会吃木犀、金莲以及一种叫刺山柑的南方植物。

请你尝尝卷心菜、芜菁叶、白萝卜和水萝卜的味道，也别忘了十字花科的野生植物——山芥、遏蓝菜和野萝卜等容易找到的野菜。用手指揉揉它们的叶子，闻闻汁液的气味。你会发现，这些植物都有特殊的味道和气味。当然，卷心菜与芜菁叶、水萝卜与芥菜、油菜与芜菁甘蓝的味道各有不同，但在不同的味道中也有某些共同的东西。因此就算不看植物的样子，也可以根据味道和气味判断它是不是属于十字花科植物。

你可以做个实验。取几片卷心菜叶挤点汁液，并把汁液涂抹在其他的叶子上（例如椴树、枫树和车前草的叶子）。用涂抹过的叶片喂毛虫，你会发现它愿意吃这种叶子。

在草地、田野和路旁等杂草丛生的地方，生长着一种叫匙荠的野草。它长着又高又直、表面粗糙的茎秆（能达到一米甚至更高），其上半部分有很多分叉。匙荠的叶子和茎秆一样，上面有许多微小的凸起和纤毛，所以显得十分粗糙。靠近根部的叶子非常庞大，其中部有深深的裂缝，呈明显的锯齿状。上部的叶子呈披针状。匙荠的花期在5月中旬到6月末，开黄色的小花。

请你找一株匙荠，从它的叶子中挤出汁液。如果你用这种汁液浸透柔软的纸张（例如吸墨纸和滤纸），欧洲粉蝶的幼虫甚至会把纸当作食物。

　　这是为什么呢？十字花科的植物含有一些特殊的物质，正是这些物质赋予了它们特殊的味道和气味，也就是所谓"卷心菜或白萝卜"的味儿。这种气味便是欧洲粉蝶幼虫的"取食"信号。

　　木犀和金莲也含有这种特殊的物质，因此幼虫也会吃它们的叶子。

　　请你用卷心菜的汁液（或匙荠的汁液更好）给一些别的植物"熏香"，然后试试看能不能用它们欺骗粉蝶的嗅觉。

　　幼虫紧紧地固着在卷心菜叶上。当你试着去抓它时就会感觉到这一点：要把它简简单单地"取下来"是不行的，得把它从叶子上"揪下来"。

　　乍看下这不过是件小事：在叶子上"抓得松一点儿"还是"抓得紧一点儿"，这又有什么关系呢？

　　关系可大着呢。当然这于我于你都无关，对于毛虫却意义重大。如果它不能牢牢地抓住叶子，就很容易被风吹下来。不过这还不是关键。关键是回答这样一个问题：它怎么能抓得这么紧呢？它是用了什么办法把自己固定在叶子上的？

　　不管你用毛虫做什么实验，都不要直接用手去抓。无论何时都不应该用手去碰毛虫，因为它们很容易因此生病。如果你要把它转移到另一个饲养箱或另一株植物上，都不要使用手指或镊子。把一片新鲜的叶子、一根树枝或一片白纸伸到毛虫跟前，等它爬上去后就能转移到你需要的地方了。

　　把欧洲粉蝶的幼虫转移到一片新鲜的叶子

上，然后轻轻地摇一摇，它掉下去了。而如果让它在叶子上待个 5 ～ 10 分钟再摇，它就不会掉了。想让它掉落就得非常用力地摇晃叶子。

看起来，毛虫得先在叶子上"坐稳"才行。

事实也差不多如此。拿个放大镜，然后再次把毛虫放到叶子上。用放大镜观察毛虫头部的前端，也就是它的口部和"下巴"。

你会看到什么呢？原来啊，头部的下端伸出了一根细细的线儿——虫丝。毛虫的下唇上长着吐丝管，吐丝管上有丝腺的开口。

在叶子上爬行时，毛虫会用丝线环扣在前方编织一条道路，并在爬行过程中用爪子抓住环扣。万一落到了新的叶子上，它首先会开始编织"道路"，而在"道路"没有完工之前，它就很容易从叶子上掉下去。它的爪子没什么劲儿，没法紧紧地固定在叶子上。

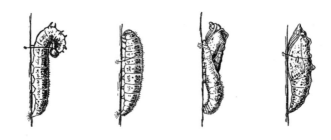

经过四次蜕皮之后，毛虫就成熟了。此时它开始为化蛹做准备。

毛虫很少会在生长进食的地方化蛹，通常它会先爬到别的地方去。例如，豆天蛾的幼虫会往下爬，并在地上挖个洞钻进去。许多种夜蛾的幼虫也会做出相同的举动。天幕枯叶蛾的幼虫则沿着树干爬行，有时还会到更远的地方去。

欧洲粉蝶的幼虫在化蛹之前也会从原处爬开。蝴蝶的幼虫既不会挖到地下，也不会找条小缝钻进去，因为其成虫的翅膀比较宽，万一进了地洞或小缝，等破蛹之后就钻不出来了。蝴蝶的虫蛹一般挂在开放的地方，有的在用作饲料的植物上，也有的在其他地方。荨麻蛱蝶的幼虫直接在荨麻上化蛹，而山楂粉蝶的虫蛹通常长在"属于自己"的那棵树上。欧洲粉蝶的幼虫则会爬走，它需要寻找一个更高的场所。

生活在饲养箱里的毛虫会沿着箱壁爬到天花板上。它自愿离开了卷心菜，出发去四处漫游。毛虫沿着地面爬呀爬，等碰到篱笆、墙壁或树干就沿着这些表面爬上去；它越爬越高，有时甚至能爬到8米甚至10米高的地方。

找到合适的地点之后，毛虫就吐丝编织出一个小垫子：以后虫蛹的末端就要紧紧地附在这上面。然后它仿佛是在身上缠了条丝绸腰带，把自己固定在垫子上面。

用丝绸腰带把自己固定住可是一项非常艰巨的工作。

毛虫用腹部所有的脚紧紧地抓住墙壁，努力地把胸部与头部弯向后边和旁边。它得想办法碰到墙壁，但并不是用前端去碰，而是用身体两侧、大约是胸部末端的位置去碰。等蜷起身子碰到墙壁之后，它就吐丝把自己固定在上面。然后它弯向另一边，并吐出一条丝线绕过自己的背部，好将背部与胸口的另一侧联结起来。

摇来晃去，摇来晃去……毛虫使劲弯着身子，好像是在用脑袋撞着墙壁，如此反复弯曲个四五十次才能把腰带织好。

腰带完成了。它牢牢地将毛虫固定在墙壁上。毛虫的屁股支撑在丝绸垫子上。如今它已经不再用脚抓着墙壁了，而是稍稍离开墙壁，然后就不动了。

它的外皮直到第二天才裂了开来：第二胸节的背侧出现了一条纵向的裂缝。虫蛹的头部透过这条裂缝冒了出来。外皮稍微蜕去了一点儿，它堆成了一片褶皱，并朝屁股的方向移去。

这就是虫蛹。虫蛹的末端支撑在垫子上，中部围着一条腰带，头部朝向上方。

起初虫蛹还很柔软，但它会渐渐变硬并染上颜色。

大功告成!

再过一个半星期到两个星期，盛夏的虫蛹中就会孵出蝴蝶。秋天的虫蛹需要过冬，得等到第二年春天才会孵出蝴蝶。

\* \* \*

在菜园里飞舞的并不只有欧洲粉蝶。这里还常常出现别的粉蝶，比如菜粉蝶和暗脉粉蝶。你可别以为菜粉蝶只吃芜菁，而暗脉粉蝶只吃芜菁甘蓝①。不是的! 不管是这两种粉蝶还是欧洲粉蝶（确切地说是它们的幼虫），都会以各种各样的十字花科植物为食。

暗脉粉蝶和菜粉蝶比欧洲粉蝶小一点儿，前翅上的角儿和斑点也不是黑色的，而是深灰色的。要把暗脉粉蝶和菜粉蝶区分开来并不困难：前者翅膀下端的纹脉两侧分布着一些暗色的粉末（这让它的翅膀上看起来满是暗色的纹脉，所以叫"暗脉粉蝶"），后者的纹脉两侧没有这种粉末。

除此之外还有一个区别，那就是气味。

许多蝴蝶都会发出特殊的气味，人类的鼻子也能感受到。这一点证明起来也很简单。

请你抓来一只雄性的菜粉蝶，用手指摸一摸前翅的上端。闻闻手指，

---

① 在俄语中，"菜粉蝶"一词的词根是 репа "芜菁"，"暗脉粉蝶"一词的词根是 брюква "芜菁甘蓝"。——译注

你会发现有一股木犀的气味。如果用雄性的暗脉粉蝶来做这个实验，闻到的气味将是柠檬味。

雄性的欧洲粉蝶也会发出气味——那是天竺葵的香气。但这种气味非常微弱，人并不总能闻出来。

当然了，我们人类并不会根据气味来区分这几种蝴蝶的雄虫，但这种差异对蝴蝶本身来说就至关重要了。瞧，那边的草坪上飞舞着几只白蝴蝶。两只蝴蝶在空中相遇了，它们盘旋了一会儿，仿佛是在一起嬉戏，然后就分开了。

为什么会分开呢？因为相遇的是两种不同的蝴蝶：其中一只是暗脉粉蝶，另一只是菜粉蝶。它们的气味互不相同。要是相遇的是一雄一雌两只暗脉粉蝶，那么它们就不会立刻分开了：柠檬味是它们相认的标志。

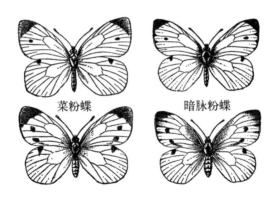

菜粉蝶　　　　　　　暗脉粉蝶

气味取决于连接着气味腺的鳞片。这些鳞片有着特别的形状，与覆盖着翅膀的鳞片并不相同。由于这些鳞片的存在，雄性的欧洲粉蝶的翅膀看起来有点儿毛茸茸的：鳞片的末端好像长着一些绒毛。雌虫没有这样的鳞片，所以也不会显得毛茸茸。

只有仔细观察才能发现翅膀表面是毛茸茸的，为此就必须把蝴蝶抓到手里。当蝴蝶在飞行时，翅膀的质地是看不清楚的，也就没法据此分辨出哪只是雄蝶，但它也有远远就能看到的特征，那就是翅膀上的图案。跟欧洲粉蝶的情况一样，雌性的菜粉蝶和暗脉粉蝶的前翅上各有两个黑色的斑点，而雄蝶则没有，或者只有各一个。

除了大小、黑点和雄蝶的气味之外，欧洲粉蝶与自己的姊妹们还有两个区别。

菜粉蝶和暗脉粉蝶并不集中产卵，而是分开产卵，因此它们的幼虫也分散独居。这两种幼虫的颜色与欧洲粉蝶的幼虫截然不同；欧洲粉蝶的幼虫是"警戒色"，而菜粉蝶和暗脉粉蝶的幼虫则是"隐蔽色"。它们浑身都

是绿色的，在绿色的菜叶上很难发现。

欧洲粉蝶的幼虫非常难吃，它们好像是故意要引起别人的注意：看啊，我们在这儿！而菜粉蝶和暗脉粉蝶的幼虫可以吃，所以它们总是躲躲藏藏，从不爬到暴露的叶面上，免得被其他动物发现。

有一种很简单的办法可以保护卷心菜免受欧洲粉蝶的危害：仔细检查卷心菜的外层菜叶，把虫卵碾碎，把毛虫抓走（可别直接用手去抓！）。但这种方法对付不了暗脉粉蝶和菜粉蝶：这两种蝴蝶是分开产卵的，而且绿色的幼虫在菜叶上很难发现。只有用化学手段才能对

付它们：用能杀死幼虫的化学药粉或药剂喷洒卷心菜田。这些物质也能杀死欧洲粉蝶的幼虫，但更好更简单的办法还是动用自己的手指。

不同粉蝶的习性各不相同，因此也必须用针对性的手段对付它们。

# 12.天气预报员

——

　　夏日里的一天，太阳很快就要下山了。林子里的鸟儿接连停止了歌唱，蝴蝶和甲虫藏了起来，熊蜂和苍蝇也不再嗡嗡飞舞。

　　火红的罂粟花早早就合上了花瓣，白色的烟草花却在花园里怒放。

　　夜幕降临，日生活转入了夜生活。

　　一只庞大笨重的独角仙从我面前飞了过去。斜坡上的草丛里，不知什么地方传来了六月金龟那嗡嗡的声音——这种浅黄色的小昆虫通常也被叫作"假金龟"，也就是说，它尽管也有"金龟"的名字，但并不是货真价实的金龟子。不错，如果把五月金龟也就是真正的金龟子同六月金龟放在一起，后者就显得相当不起眼了。

　　我沿着乡间小道行走，路边的草丛上空不时有一只六月金龟嗡嗡地飞过。身后突然传来了甲虫的声音，我一转身，却已经错过了声音的主人。尽管没有看到它，我还是知道飞过去的是什么昆虫。既然飞过了一次，肯定也会有下一次的。

　　果然，又传来了一阵嗡嗡声……一只庞大的黑甲虫从道路上空一掠而过，在浅色的乡间小道上异常显眼。这一回我不仅是凭着声音判断出它的身份了，而且还看到了它飞行的方式、体形的大小以及整体的样貌（尽管在黑暗中看不太清），这些都坚定了我的判断。

　　这只蓝黑色的大甲虫是只粪金龟。粪金龟白天偶尔也能看到，但不太常见。白天它通常藏在马粪堆里，有时是直接钻到粪堆下面，有时是在粪堆底下挖个洞藏进去。

到了晚上，粪金龟就会飞出来。这可不是什么夜间散步，而是要去寻找马粪呢。马粪不仅是粪金龟成虫的食物，还是它幼虫的口粮。成虫嗡嗡地飞着，寻找新鲜的马粪，找到后就钻到粪堆下面，挖一个深深的小洞，往里面填满马粪。它吃掉一部分马粪，留下另一部分，等到下一夜又飞出去寻找新的食物。

粪金龟幼虫的食物也是粪便。成虫把粪便弄成长条状留给幼虫。雌虫一次可不止产一个卵，而是有数十个卵，所以得挖出数十个洞，弄出数十条马粪。粪金龟就这样飞来飞去，四处寻找……尽管如此，也不是每天晚上都能看到它们的身影。

夜色美丽迷人，天空万里无云，粪金龟们却不想飞了。我在田间小径和农庄夜间牧马的草场上走来走去，可怎么找都是白搭。一只甲虫都没有……为什么呢？原来是夜里开始下起雨了。这场雨到第二天白天也没停：天气变糟了。

有时还会出现这样的情况：雨下了整整一天，到了晚上还飘着毛毛雨。天空中乌云密布，可粪金龟却飞出来了。夜里乌云散开了，第二天早晨天空就恢复了晴朗。

粪金龟只有好天气之前才会飞出来。只要看看它们晚上有没有飞出来，就能了解第二天的天气情况。粪金龟的寿命比较长，可以充当一整个夏天的"甲虫晴雨表"。

我在饲养箱里养了几只粪金龟。这种昆虫饲养起来非常简单，只要能很方便地搞到马粪就行了。不管我晚上在箱里放多少马粪，都会在第二天早上之前被粪金龟们埋进地下。每只粪金龟在一夜之间至少能埋掉半立方分米的马粪，这可是个相当惊人的数量！当然了，要埋掉这么多的粪便，饲养箱里得有足够的空间，也就是得铺一层足够厚的土。对此我倒是用不着操心：我的饲养箱里足足有 70 厘米左右的厚土呢。这饲养箱只不过是个木头箱子，里面装满了土，顶上盖着网格的盖子。

粪金龟的日常生活就是埋藏马粪。晚上，我到箱子跟前观察粪金龟的行为。有时它们乱成一团，在饲养箱里四处乱爬，还想要腾空而起。但只要我往箱里放点儿马粪，它们就立刻平静了下来，钻到粪堆下面开始了惯常的工作。万一没有马粪的话，它们就要吵闹到深夜才肯罢休。

不过，也有的晚上它们怎么都不肯露面，专门准备的马粪也是碰都没碰。表面上看，它们有什么理由不爬出小巢呢？现成的食物就在旁边，根本用不着辛辛苦苦地飞行寻找：只要迈着小小的甲虫步子爬个十来步，就能到达它的目标。不！粪金龟们没有抛弃自己的小巢。这种情况不仅出现在凉爽的或刮大风的晚上，就算是晴朗温暖的夜晚也可能发生，但是有一个前提——必须是在下雨之前。

能给第二天作"天气预报"的并不只有粪金龟。在昆虫世界中，像它这样的"活晴雨表"可不少呢！你不妨仔细观察观察林子里、田野间发生的一切，就会发现不少活生生的"自然的预兆"。与此同时，你还会注意到昆虫与植物以及其他动物之间的种种关系。你会发现，有时候扮演"晴雨表"的并不是昆虫，昆虫起到的只是"预报员"的作用。

下面我们就来看一个例子。

在田间小径的两旁，沿着水渠和林子的边缘，在荒草萋萋的野地里和灌木丛中，生长着白色的女娄菜。这种植物是麦瓶草的亲戚，二者的花朵也很相似，不过女娄菜要更大一点，花瓣也没有麦瓶草那么娇嫩。其实不管是什么植物，跟麦瓶草一比都会显得粗糙。女娄菜的茎秆毛茸茸的，顶上很黏：这是为了防止蚂蚁等小虫子沿着它爬到花朵里去。

女娄菜的花萼胀鼓鼓的，但没有麦瓶草那么明显，而且这花萼非常厚，被它敲到脑门儿可没什么好结果。

白天里，女娄菜的花朵是闭着的，不会发出香味。它们好像是在打瞌睡，所以得到了个"瞌睡草"的别称[1]。女娄菜有两种不同的花：其中一种只有雌蕊，另一种只有雄蕊；一眼就能看出它们是靠昆虫传粉的。

是哪种昆虫呢？

到了晚上，女娄菜的花朵开放了，散发出浓烈的香气。香味和白色的花瓣是它的指示标，在暗夜中为昆虫指明一条通往花朵的航道，吸引昆虫的诱饵则是那香甜的花蜜。

来拜访女娄菜的客人原来是蛾子。

天黑了。早在黄昏时分，林子外围和林中空地上已经不时闪出几只巨大的蛾子——豆天蛾。窄小的翅膀和纺锤状的身躯就是这个飞行高手的特征。的确，豆天蛾飞得很快，它的飞行时速约为 54 千米。乍一看算不上什么大数字：雨燕的飞行时速足足有 100 千米，相比之下这个 50 千米又算得上什么呢？然而，仅仅按距离来衡量飞行速度是不行的。"飞行家"的体形大小又如何呢？这样一比，豆天蛾的飞行速度就体现出来了。它一分钟之内可以飞过体长 22000 ～ 25000 倍的距离！这个计算很简单：豆天蛾每秒能飞 15 米左右，每分钟就是 900 米；它的平均体长约为 3.5 ～ 4 厘米。而雨燕在一分钟内只能飞过体长 8300 倍的距离。单从距离上看，雨燕当然能够超越豆天蛾，但谁的相对飞行速度要更快一些呢？毫无疑问是豆天蛾了。

豆天蛾无法忽上忽下地飞舞：它的翅膀不适合做这个动作。当豆天蛾飞行的时候，看上去就像是有人把它在花朵之间扔来扔去。它一下子冲过几十米，在花朵上空悬停了一瞬间，然后又继续往前猛冲。它仿佛总是忙  得不行，不管什么时候都在急匆匆地赶路呢……

豆天蛾大多长着细长的口器。当它悬停在花朵上空时，就把口器伸展到花里吸取甜美的蜜汁。花园里可以看见一些豆天蛾在吸取白烟草花的花蜜。这种花朵的花冠非常深，花蜜分泌在花冠的底部。没关系！豆天蛾的口器很长，足以够到深处的花蜜。

你也可以到田里的女娄菜上寻找豆天蛾，但很少能找到。这种飞蛾数量不多，何况还飞得那么快：试着追追看你就知道了。不过田里还有夜蛾呢，它们更加常见，而且飞得不快，一靠近花朵就落到上面不动了。

但是，夜蛾也不是每天晚上都能在女娄菜上找到的。比如说今天吧，女娄菜的花朵已经绽放了，可上面却没有飞蛾。有时会飞来一只夜蛾，在花朵上停了片刻就又飞走了。我在这丛女娄菜旁边站了 5 分钟，10 分钟，15 分钟……情况还是没有改变：夜蛾飞来停了停又飞走了。

这丛女娄菜是不是有什么问题呢？我便去找另一丛，可一切照旧。既然如此，我又何必观察飞蛾不光顾的花朵呢？于是我就回家了。

第二天晚上，我还是白跑了一场。女娄菜上几乎见不到什么飞蛾。

尽管如此，我终于还是等到了：有一天，女娄菜上出现了飞蛾。那是一个温暖多云的夜晚，夜里还下起了雨。

我每天晚上都去观察女娄菜，次次都看到相同的情形：下雨前有许多飞蛾落到女娄菜上。是谁在"预报"大雨的来临呢？是飞蛾还是女娄菜？莫非天气一好飞蛾就没胃口了？它们飞倒还是飞，偶尔也会落到花朵上歇歇脚，但都不想吃东西，所以也不会在那儿逗留多久。

怎么确定是谁在"预报天气"呢？

我们知道，金合欢①的花朵下雨前会分泌出许多花蜜。尝尝这花蜜就会发现，它有时比平常稍微甜一点儿，有时却一点儿都不甜。女娄菜的花蜜也有类似的情况。不过，我们很难仅凭味道来判断花朵中的花蜜是否充足。怎么才能知道这是不是唯一的原因呢？

我做了另一个实验：我想知道飞蛾在晴朗的天气下胃口怎么样。办法是有的。许多飞蛾都会飞向诱饵，由此产生了一种捕捉飞蛾做标本的手段：设置"蜜糖诱饵"。这里不需要发挥人的聪明才智，只要利用一下在自然界

---

① 属蔷薇目豆科，常见灌木，开黄色小花。——译注

中观察到的现象就行了。

受伤或生病的橡树会流出树汁。等树汁微微发酵以后，它散发的酸味远远就能闻见。白桦树的树干也会分泌出这样的汁液。这些"醉"橡树上总能发现一些昆虫：它们是被树汁的味道吸引来的。其中有蝴蝶——棕红色中带着黑斑、外表与荨麻蛱蝶相仿的榆蛱蝶；黑白相间的紫闪蛱蝶，雄蝶闪耀着淡紫色的光芒；有时还能遇到优红蛱蝶、孔雀蛱蝶和黄缘蛱蝶呢。还有锃光瓦亮的金

龟子和散发着麝香味的大绿天牛。当然也能看到胡蜂、黄蜂和苍蝇，蚂蚁就更不用说了。这就是白天的情况。

到了晚上，"醉"橡树也有客人来拜访，那就是飞蛾。最常见的是各种夜蛾和又大又美的柳裳夜蛾：这种蛾子长着一对红色的后翅，偶尔也有浅蓝色或黄色的，上面分布着黑色的斑纹。

分泌树汁的橡树或白桦树并非随处可见。而用"蜜糖诱饵"来引诱昆虫却随时随地都可以做到。

往蜂蜜里掺点儿水或发酸的格瓦斯[①]，再加点儿葡萄干或酵母放上一阵子。蜂蜜很快就会发酵，诱饵就算准备好了。

你可以把发酵好的蜂蜜直接抹在树干上或栅栏上，但这样会白白浪费掉许多蜂蜜。更简单更有效的办法是做个"蜜糖诱饵"。为此需要找些不太密实的布料，比如纱布或麻袋布，把它们剪成细布条，然后放在蜂蜜里

---

① 俄国和乌克兰等东欧国家的传统民间饮料，用面包干发酵制成，口味酸甜。——译注

浸透（在南方最好用呢绒或毡子，免得布条很快干掉）。

等到黄昏时分，你就可以把这些"蜜糖诱饵"挂在树上或拉起的绳子上，哪怕只是包在树干上也没问题。

"蜜糖诱饵"通常是做成小布片的样子，也可以用浸透蜂蜜的小块干苹果来制作（把苹果泡在蜜水里就行了，等需要用时再拿出来）。用绳子把"蜜糖诱饵"穿起来，跟晾蘑菇的法子差不多，不过没有蘑菇排得那么密集，而是留出了一些空隙。

在蜜糖气味的吸引下，飞来了不少夜蛾和柳裳夜蛾，还有一些尺蛾和谷蛾，有时还能看到豆天蛾呢。

我在林子边缘挂了不少"蜜糖诱饵"，甚至还在田里的桩子上放了一些。如今我终于可以考察飞蛾在干燥天气下的胃口了。

实验结果证明，它们的胃口好极了。就算是天气很干，夜蛾还是对我的"蜜糖诱饵"趋之若鹜。要是天气不太好，"蜜糖诱饵"对它们的吸引力甚至比女娄菜还要强。这个倒不难理解：诱饵的气味更强嘛。这就表明，花蜜的数量多少才是真正的原因。在下雨之前，女娄菜的白花里会分泌出大量的花蜜，于是夜蛾就飞来了。如果你晚上在女娄菜的花朵上看到了许多夜蛾，就可以等着下雨啦。要是花朵上没有夜蛾停歇，空中也没有豆天蛾在盘旋，那么就算当天晚上有雨，第二天也准会是个好天气。

话说回来，这到底是谁在作"天气预报"呢：是飞蛾还是花朵？其实两者都有功劳。不过，飞蛾的"预报"更容易观察到，尽管它其实是紧跟着花朵才作出"预报"的。就算没有了飞蛾，女娄菜也照样能完成任务。可飞蛾呢……假如没有了女娄菜的花朵，它们可什么都"预报"不了。总是甜味满满的"蜜糖诱饵"证明了这一点。

　　"蜜糖诱饵"不仅能用来收集蝴蝶标本，还能用来消灭一些有害的夜蛾，比如黄地老虎和它的近亲。到了这些飞蛾活动的时节，人们可以在田里放几个盆子，倒上廉价的发酵糖浆。循味而来的飞蛾落到盆子里，就这样在糖浆里淹死了。

# 13.熄灭的小灯笼

林子中，草地上，闪动着萤火虫的小灯笼。在中纬度地区，萤火虫在潮湿的地方最为常见：它的幼虫以小蜗牛为食，而比较潮湿的地方蜗牛通常也比较多。

北方的萤火虫只有雌虫才会发光。雌虫没有翅膀，看上去像条怪模怪样的蠕虫，所以也被人们叫作"伊万蠕虫"[①]。

雄萤火虫有翅膀。只要看上一眼，立刻就能判断出这是一种甲虫。它会飞行，但在夜色中很难看到：没有明亮的"小灯笼"嘛。

有些南方萤火虫的雄虫也会发光。在南方的树林里，绿莹莹的火光不仅闪动在草丛里，还在空中若隐若现。如果你去过黑海沿岸的高加索地方，就肯定看到过这样的情景。只要是有树木和草丛的地方，每到夏天都能看到好多好多的萤火虫，到处都是。

雌虫的"小灯笼"长在腹部的末端。即便不发光，甚至已经被晒干了钉起来做成标本，这个"小灯笼"也是非常明显的。它与其他部分完全不同，那里的表皮似乎能透出亮光。这层半透明的薄膜下就是萤火虫的发光器官。

发光器官由一群特殊的大型细胞构成，里面密布着许多神经和细小的

---

① 萤火虫活跃的时间正值俄罗斯民间的伊万·库巴拉节（公历 7 月 7 日），故有此称。——译注

空气管道——气管：发光细胞就靠它们获得充足的空气供应。发光细胞的下面是一群反射细胞，它们组成了独特的"反射装置"。

发光细胞里进行着剧烈的氧化反应，氧化导致其中的物质发生了变化，而正是这些变化产生了亮光。

萤火虫发的是冷光：消耗的能量几乎完全转化成了光能。它的"小灯笼"比我们的电灯泡绿色环保得多：我们都知道，电灯泡发光时非常灼热，这说明有很大一部分能量没有变成光能，而是变成了热能，相当于白白浪费掉了。

如果你发现了萤火虫，用手把它抓住，"小灯笼"会"熄灭"。

"它被吓着了。"人们通常是这样解释的。

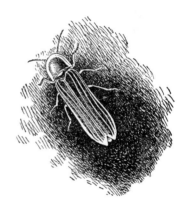

其实，"吓着"的说法在这儿完全说不通：萤火虫又不是人，人能体会到惊吓，它却不能。不错，单从表面看倒有几分相似：只要碰一碰萤火虫，它"一受惊"就"吓得"把"小灯笼"给"熄灭"了。

你可以做做实验。草茎上有只萤火虫在发着光，试着打扰它一番，碰一碰或抖一抖草茎。"小灯笼"熄灭了。

这是怎么回事呢？

发光器官里有许多细小的神经，它们长在那儿可不是白长的。通俗点说，神经系统控制着发光的过程。各种外部刺激都会被神经纤维的感觉末梢接收，反映在神经系统的运作上，对萤火虫体内的许多过程造成影响。碰一碰萤火虫，它不动弹了，呼吸随之变弱；吸入的氧气一减少，发光器官里的氧化反应也变弱了，故而"小灯笼"的灯光也就暗了下来。

"小灯笼"白天会不会发光呢？

萤火虫的光比阳光弱得多，所以在阳光下很难看到。你可以把萤火虫拿到黑暗的房间里观察。当然还有个更简单的办法：把手掌窝起来包住萤火虫，透过手掌的缝隙观察"黑暗"中的情形。

会发光！

但是，我觉得这个问题问得不够严谨，关键不是白天"小灯笼"会不会发光，而是它在阳光等强光的照射下会不会发光？也就是说，"小灯笼"是一直都在发光呢，还是到了暗处才开始发光？

天晓得呢……

其实可以证明，在强光的照射下"小灯笼"根本就不会点亮。

你可以做两个简单的实验，其中的原理都是对萤火虫进行"欺骗"。

在黑暗的房间中，萤火虫会点亮自己的"小灯笼"。不管是白天还是黑夜都一样，因为四周是一片漆黑嘛。

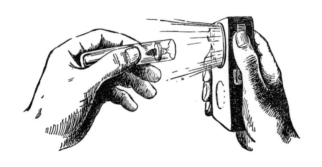

第一个实验：用黑色的厚纸卷成个一头宽一头窄的管子，形成一个细长的圆锥体。往宽的一头放上许多小灯泡，让所有的光线都进入管子里。把窄的一头对准萤火虫的脑袋，让它的整个身子都处于黑暗中，只有脑袋暴露在光照下。圆锥形管子的用处就在这里：你可以用它把光线都集中到脑袋上。也可以拿块隔板，在下端剪个小口，用它套住萤火虫的脑袋，把脑袋同身子隔开来，然后对准头部照射。这个方法比较简单，但很容易伤到萤火虫。

脑袋在光照下，身体在黑暗中。原本亮着的"小灯笼"熄灭了，直到脑袋周围变暗才重新亮了起来。

第二个实验：把萤火虫放在亮处，设法罩住它的脑袋。"小灯笼"亮了起来。

这两个实验表明，萤火虫的视觉在控制"小灯笼"的亮暗上具有重要作用。亮光下的"小灯笼"并不会发光。

萤火虫不会明白：自己的"灯光"在亮光下根本就看不出来。这只是一种本能反应：光通过它的眼睛刺激神经系统，神经系统控制发光器官。光的刺激会阻碍发光器官工作，而黑暗则恰恰相反。

# 14. 龙虱与水龟虫

———

有一种常见的水甲虫叫作龙虱。不管是在池塘、小湖或泛水的草地，还是在泥沼的沟渠和偏僻的河湾，都能找到这种昆虫。

坐在岸边，你会看到一只大大的黑甲虫浮到了水面上，它脑袋朝下扎在水里，而屁股却伸到了水面上的空气中。

就这样在水面待一分钟，吐了个气泡就沉了下去。

龙虱是一种贪吃的肉食昆虫。它袭击各种各样的小型水生动物，比如昆虫、虾子、蜗牛、蝌蚪和小鱼等。

就算是稍大一点儿的猎物，龙虱也不会放过：小到青蛙和蝾螈，大到体长约10厘米的鱼类，都可能成为它的捕猎对象。

如果池塘很小，里面的龙虱又大肆繁殖，就可能把鱼全部吃掉。这种甲虫是鱼类的大敌：它们既吃鱼卵，又捕杀小鱼苗。

如果要在水族箱里饲养，龙虱也绝不能同鱼类养在一起：它很快就会把鱼类杀戮殆尽。

在同一个水族箱里养几只龙虱也是很危险的：它们会相互攻击。

龙虱整个冬天都会保持活跃，所以在冬天也可以好好观察一番。

龙虱的祖先是陆生甲虫，因此它还保留着祖先的一个特征：呼吸空气。龙虱的气管开口位于背部的鞘翅底下。

当龙虱浮到水面上后，它会把屁股伸到空气中。首先，它通过气管排

出吸收过的空气，然后把新鲜的空气吸入气管。一呼一吸交替进行，气管中的空气就逐渐得到了更新。

仔细观察一下浮在水面上的龙虱，你就会发现它的肚子时而瘪下，时而鼓起。

空气不仅是进入了气管，还有一部分留在了鞘翅底下。潜入水中的龙虱携带着一些储备的空气。

从春天到秋天，要浮到水面上呼吸并不是什么难事。可到了冬天呢？水面上结了一层厚厚的冰，就没办法到水面上呼吸了呀。

龙虱是怎么在封冻的水塘中生存的呢？要怎么才能观察到呢？

其实，只要创造一个类似的环境，就能了解龙虱在冰层下的活动了。

必须满足两个条件：一是水温很低，二是龙虱无法浮到水面上。

请你把龙虱放到玻璃罐里，把玻璃罐放在寒冷的地方。水会变冷，这就满足了第一个条件。

那要怎么满足第二个条件呢？

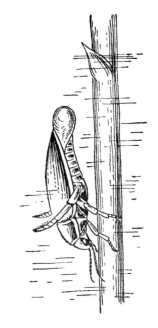

有两个办法。首先可以让水结冻，水面上会形成一个冰层，跟池塘里的情形一模一样。此外还有一个办法：我们只要阻止龙虱把屁股伸出水面就行了，换句话说，就是阻断它通向空气的道路。这也不一定要靠冰层：在水面以下 2 ～ 3 厘米处设置一张纱网，就能起到冰层的作用。

把装着龙虱的罐子移到寒冷的地方，等水温明显降低后再放下网子。

龙虱在水里游来游去，时而浮向水面，时而

潜入水底。它四处乱游，试着在不同的地方探出水面。但不管跑到哪里，通往空气的道路都被网子挡住了。

这样一来，龙虱只好改用一种特殊的呼吸方式。

龙虱平时靠的是空气呼吸器官。这种器官似乎是无法吸收溶解在水里的氧气的。可它现在恰恰要靠水里的氧气呼吸。怎么办呢？

没等多久，尝试浮出水面未果的龙虱就停在了水生植物的枝条上。如果罐里没有水生植物，它就直接落到水底。

它停了下来，跟平时一样把屁股撅起来，抬起了长长的后腿……

鞘翅下冒出了一个小气泡。这气泡越变越大，但既没有破裂，也没有向水面浮去。气泡就这样留在鞘翅后面。

龙虱一动不动，屁股上挂着一个气泡。

能观察到的也只有这么多：一只甲虫，一个气泡，再没有别的了。但你看到的其实只是表面现象。

气泡是从哪来的呢？不难猜出，这是龙虱把空气从鞘翅下挤压出来而形成的：那里储备着一些空气嘛。

气泡是用来干吗的呢？龙虱正是靠着这个气泡在水下呼吸的。

龙虱挤出的气泡里其实没多少氧气，因为已经在呼吸时用掉了。而水里溶解的氧气要多得多。这种情况下会发生什么呢？溶解在水里的氧气会开始进入气泡。

罐子里的水和气泡好比是两个含氧的连通器，但二者的含氧量是不同的：气泡中很少，而水里要多一些。气体的含量不同，其产生的压力也就不同。水里的氧气较多，压力较大，气泡里的氧气较少，压力较小，因此氧气开始从水里进入气泡。这个过程将会一直持续，直到气泡里的氧气压力和水里的氧气压力平衡为止。

从理论上讲，这就是物理课上的连通器原理，但实际情况还要复杂得多。

　　龙虱挤出的气泡里的空气与鞘翅下储存的空气连通。而且这还不是简单的"连通"：确切地说，是鞘翅下的部分空气被排到了外边，而鞘翅下的空气又与气管里的空气连通。由此看来，这个气泡属于延伸的部分，而且还延伸了很长。

　　氧气无法在气泡中积聚，因为鞘翅下和气管中空气的含氧量比气泡中的还要低。于是开始了一轮新的氧气流动：从气泡流入鞘翅下方，从鞘翅下方又流入气管。

　　即便如此，气压还是未能达成平衡：气管中的氧气一直都在消耗。这就是与物理课上的连通器的区别。课堂上的连通器里的气压迟早会达到平衡，而龙虱体内的气压不能达到平衡，于是氧气依然继续流动：它不断地从水里进入气泡，又从气泡来到别的地方，最后流入气管。离气泡越远，气流就越弱，因为氧气的含量差也在逐渐变小。虽说是弱，但还是有的。

　　其实，就算没有气泡，氧气也能进入鞘翅下的空气，但流入量会非常少。气泡增加了空气与水的接触面积，从而提高了氧气的吸收量。

　　需要游泳时，龙虱把气泡吸回去，然后就游开了，等停下来后再重新把气泡挤出来。

　　这种方式吸收的氧气很少，但也够用了：在冷水中，龙虱的活动和呼吸都比夏天时弱。

　　你可以做个实验，看看夏天的龙虱能否在设有网子的罐子里生存。

　　其实也用不着等到夏天，因为我们需要的并不是夏天，而是"夏天的水"。

　　把水加热到22℃～25℃，然后把龙虱放进温水里，再用网子设一道障碍。这跟"冬天"的状况没什么区别，只不过水温要高得多。

　　龙虱游啊游，想浮到水面上。水虽然被加热过，但里面的氧气并没有增加。冷水中的龙虱不太活泼，所以这点氧气还够用；可它在温水中会变得很好动，氧气已经不够了。靠气泡进行的气流交换实在太弱，龙虱就这样憋死了。

不过，就算是在冬天的池塘里，龙虱也未必能靠这种呼吸方式存活下来。有的池塘水里溶解的氧气不够多，也有的池塘里的氧气被腐化过程消耗了许多。冬天的水生植物几乎不会释放什么氧气，于是水中的氧气也没法得到补充。

等到水里已经没多少氧气了，龙虱就沉到水底，陷入沉沉的冬眠。这一觉要睡到第二年春天才醒。

我们前面还提到过冰层的实验。那么，冰层与网子又有什么区别呢？

其实这两个实验从一开始就不同了。

封冻的池塘里会发生什么呢？

通向水面的道路被阻断了。起初冰还比较薄，水里能透入充足的光线，水生植物也就能通过光合作用产生足够的氧气。它们的叶片上不时冒出一些小气泡，浮起来后甚至能在冰面下聚成几个大气泡。这些气泡平时本来会直接升到水面，然后啪的一声破掉，里面的氧气"飞走"了。现在可飞不走啦。小气泡会浮到冰面下积聚起来。

龙虱沿着冰层的下表面爬行，吸收积聚在那儿的氧气。

这种"收集氧气"的行为也可以在冰层的实验中观察到。你只需在罐子里放几株水生植物，并把罐子置于强光下，好让植物释放出更多的氧气。

龙虱是一种既凶猛又贪吃的昆虫。有时它拼命地吃呀吃，身子变得特别沉重，不管怎么使劲划动六条腿，都没办法浮到水面上了。这时它会通过排空小肠或嗉囊的方式减轻身体的负担。可这招有时也不管用，因为吃得实在太多了。只剩最后一个办法了："走"到水面上去，也就是沿着水生植物往上爬。如果是在除了水什么都没有的罐子里，而且还是氧气消耗量大的夏天，龙虱就会被憋死。

这种机灵的猎手会攻击各种各样的猎物。

龙虱的嗅觉非常敏锐，这对它的捕猎帮助很大，甚至不亚于视觉的作用。

在养着一群饥饿的龙虱的水族箱里滴一点血，血滴很快就稀释在了水里。明明没看见猎物，龙虱们却已经躁动了起来。它们开始四处搜寻，把整个水族箱翻了个底朝天。它们显然是"闻到"了猎物才去寻找的。

有的时候，几只龙虱同时向一条大鱼发动进攻。难道它们是先商量好了，"有组织"地"抱团"去进攻？不是的！

龙虱攻击了一条鲤鱼。鲤鱼已经不算小了，跟手掌的长度差不多。龙虱本来已经咬住了鲤鱼，可猎物猛烈扭动身躯，把猎手抖了下去。饥饿的龙虱又发动了一轮新的进攻，想再次咬住对方……

龙虱咬伤了鲤鱼，流出的几滴血在水里"扩散"了开来。要是附近还有别的龙虱，它们立刻就会跑过来寻找猎物。这样一来，可怜的鲤鱼就要面临好几只龙虱的围攻了……

龙虱的幼虫也是很厉害的猎手，丝毫不比它的成虫逊色。看看它那修长匀称的身体，马上就可以断言，这是一个非常灵活的小虫子。再看看那双巨大的颚，不用说也知道它咬起人来一定很厉害。

幼虫靠着腿的划动和腹部的收缩来实现快速游动。它的屁股上有气管的开口，呼吸时就会从那儿排出水流。当幼虫浮到水面上时，它会头朝下倒悬着待很长时间。这倒不是因为它不管呼吸多少都觉得不够，而是因为要同时进行两个工作：呼吸和伏击猎物。

龙虱的幼虫冬天是抓不到的，那并不是幼虫生长的时节。得等到夏天才能搞到这些小虫来做些实验。它们的发育非常迅速，只要两三个月就能变成成虫。

水族箱里的龙虱幼虫是个很糟糕的"邻居"，所以要把它单独饲养。要是几只养在一起，最后迟早也会只剩一只。同一个水族箱里的几只幼虫只有最强壮的一个才能幸存下来：它把自己的同胞都吃掉了。幼虫非常贪吃，一天50条蝌蚪的投食量也算不上多。

龙虱幼虫身上最显著的特征就是那对大颚了。这对颚向前凸出，狭长弯曲，看上去就像两把镰刀。这样的颚当然不能用来啃咬或咀嚼，而是用来刺穿猎物：只要一咬合，猎物就会被刺个透心凉。不管被捉住的猎物怎么翻来滚去，它都无法摆脱这个大敌了：幼虫咬得那么紧，就仿佛和猎物缝在了一起。

请你看看幼虫的头部。你会发现几根毛刺、触角和两个由许多单眼聚集成的视觉器官。但不管怎么观察都找不到一个最重要的器官——嘴巴。

要是再仔细点看，你大概会注意到两个大颚的基部各有一个小小的开口。这就是龙虱幼虫特别的嘴巴了。

这个特殊的构造与幼虫特殊的进食方式有关。

龙虱幼虫的大颚并不只是两把狭长的几丁质"镰刀"。它们其实是空心的，内部有管道，大颚的尖端和基部都有小小的开口。管道连通着两端的开口，基部的小孔又通向幼虫的口腔。

那么，幼虫到底是怎么吃东西的呢？它显然无法咀嚼，也不能从猎物上咬下小块的肉——没有合适的器官。还有另一点也是很明显的：它无法把块状的食物吞下去，哪怕是最小的也不行——没有合适的通道。

龙虱幼虫具有一种独特的消化方式，称为肠外消化。早在食物进入口腔之前，它就已经开始进行消化了。

请看，有只龙虱幼虫攻击了一条蝌蚪。它用大颚刺穿猎物，并从消化道中吐出一种特殊的酸液。酸液通过大颚基部的小孔进入管道，又沿着管道流到大颚末端，最后注入蝌蚪的身体。有毒的酸液会使猎物陷入瘫痪状态。

制服猎物之后，幼虫吐出了另一种液体，它具有很强的消化能力。这种液体沿着管道进入猎物体内，发挥着稀释和消化的作用，幼虫便通过大颚里的管道把稀释过的体液吸入自己体内。它的喉咙一伸一缩，好像一台水泵在运作。

等吸入被稀释的食物后，幼虫就吐出新的消化液。最后，它把消化液能消化的东西全都吸干了。

用餐完毕的幼虫用前脚清理了大颚上挂着的食物残渣。换作是其他昆虫吃饱喝足了，大概就会寻找休息的地方或去四处游逛吧，可龙虱的幼虫并非如此。它永远都吃不饱，刚吃完一顿就立刻开始寻找新的猎物啦……

\* \* \*

水龟虫的体形比龙虱大得多，有的个体甚至可以达到 5 厘米长。这种黑糊糊、圆滚滚的小虫子的腹部闪耀着白亮的光泽，仿佛是盖着一层水银。

水龟虫跟龙虱不同，它从来不在水里横冲直撞，而是不慌不忙地游动，看着也不像是个游泳高手。在游泳的时候，龙虱会同时摆动两条后腿，而水龟虫则是交替摆动，看上去不像是在游泳，倒像是在水里"漫步"。

一，二，一，二，一，二……这是龙虱划水的方式。

左，右，左，右，左，右……这是水龟虫在水里移动的方式。

话说回来，水龟虫其实很少游动，它平时主要沿着水生植物爬行。要抓它就得先找到这样的植物，而要抓龙虱只要找个大水坑就行了。

水龟虫同样需要空气：它的呼吸器官和龙虱的一样，也只能在空气中呼吸。但你可别指望水龟虫也会把屁股探出水面呼吸。等着看这个不过是浪费时间罢了！

你在水龟虫栖息的池塘边连着等好几个小时，却看不到一只甲虫浮上水面。可是你非常清楚，池塘里的水龟虫很多，只要拿网子在水里捞一番，或者直接用筛子滤过水草丛，就能捉起不少水龟虫。

要解开水龟虫的呼吸之谜，在水族箱里观察是个比较简单的办法。你既可以从上方透过水面看清它们的行动，又可以从旁边透过玻璃看。请在水族箱旁坐定了好好观察……

一只水龟虫在植物上爬行，抓住植物的枝条，咬下几片叶子并嚼了嚼……它又往上爬了一段，眼看就要到达水面了。

它并没有摆出头朝下屁股朝上的样子（换作是龙虱的话就该这么干啦），而是把脑袋朝向上面，维持着这个姿势。

"看来它是要把脑袋伸出水面了。"你心想。

事实并非如此。

透过水族箱的玻璃，你会发现水龟虫的头部还留在水里，但只比水面低一点点。要是从上面看，就很难一眼发现那儿伸着个小脑袋，何况还只是稍稍接触到水面罢了。但在水族箱里还是能看到那两个"小点儿"的：只要凑近了好好观察，就能透过玻璃看清它的举止。

可要是坐在池塘岸边呢？从那个角度能看清什么呀！

仔细观察之后，你会看到水龟虫触角的末端有一丁点儿露出了水面。但这只是表面现象，事实上这个触角末端还留在水里呢。又吃了一惊吧？

水龟虫的呼吸方式非常巧妙，甚至比龙虱的气泡还要有意思呢。

水龟虫长着一对结构特殊的触角：其最末的四个环节比其他环节要大，形状也截然不同，形成了一个类似手杖圆头的玩意儿。这种触角的末端好像一把钉头锤，所以叫作"锤状触角"。

水龟虫触角的锤状环节上覆盖着非常细小的纤毛，能保护触角不被水打湿。

当水龟虫吸收空气时，它并不是将整个触角或者触角的末端伸出水面，而是把后面的三个锤状环节往下弯曲，只有第一个环节的顶端浮出水面。

空气的流动就是在这么微小的一块地方开始的。

水龟虫整个身体下侧都附着一层薄薄的空气，就像在胸部和腹部粘上了一张空气膜，所以才会在水中闪耀银光。胸侧的前胸节与中胸节之间有一对庞大的胸鳃孔。这对鳃孔通向气管，而气管又在水龟虫体内形成了发达的网络。

在腹部对应的背侧，鞘翅底下有六对腹鳃孔。空气通过这些鳃孔从气管中挤到鞘翅底下，然后被压到体外的水里。

简单来说，水龟虫体内的气管网通过几对开口（鳃孔）与其体表相连通。有的鳃孔（一对胸鳃孔）充当入口，其他的鳃孔（鞘翅底下的背侧）充当出口。被吸入胸鳃孔的空气进入气管，被输送到全身各处，最终通过背部的鳃孔排到体外。

这就是空气在水龟虫体内流动的整个机制，看上去并不复杂是吧？

其实，空气是不会在气管中自行流动的。随着氧气的消耗，最细的气管里的氧气含量将会减少（因为氧气就是在那里被消耗掉的）。更大的气管里的空气含氧量更高，于是从大气管到小气管的氧气流会一直保持（你可以回忆一下龙虱的"连通器"）。然而，这并不能引起空气的流动，但空气又必须流动，否则空气的补充得不到更新，氧气也就无从谈起了。

那么，是什么引起了气管中的空气流动呢？我们再回想一下龙虱的例子。当龙虱头朝下倒悬在水面上时，它的肚子并不是纹丝不动的。仔细看看就会发现，这个肚子轻微地一起一伏：这就是呼吸交替的表现，也就是空气在气管中流动的外在特征。

现在看看水龟虫"储备"空气的情形。你会发现，它的肚子也不是一动不动，而是同龙虱一样交替起伏。这个动作会对气管，特别是气管的扩张和气囊的运动发生作用。气管和气囊随着腹部的起伏而张弛，于是空气一会儿被吸入胸鳃孔，一会儿被排出背鳃孔。有了吸入和排出的运动，就表示气管中会产生空气流。

覆盖在水龟虫胸部的空气膜中，有一部分会在吸气时被吸入胸鳃孔。

然后会发生什么呢？

　　假如水龟虫的胸部被浸湿了，那就什么也不会发生，只不过空气层消失会令胸口的银光跟着消失罢了。可是，水龟虫的胸部长满了密密麻麻的纤毛，所以不会被水打湿。

　　胸部和腹部的纤毛截留了少量空气，便在上面盖了一层"银光闪闪"的空气膜。一部分空气被吸入鳃孔，空出了原本占据的地方，而"大自然厌恶空白"①。空位由什么来填补呢？是水吗？不对，胸口的纤毛有防水作用，水无法渗入其间，也就不能填补新形成的"空白"。

　　是空气吗？对啦，空气会立刻填补"空位"，因为空位旁边全都是空气膜的范围。边上的空气被吸向鳃孔，补上了空缺的位置。

　　这样一来，空气就从胸部的空气膜流向了水龟虫的下体侧。不过，既然这股气流有其"终点"（鳃孔），那肯定也有个"起点"。应该有个能补充新空气的来源才对。

　　事实的确如此：新空气的来源就是那无穷无尽的大气。可空气要怎么从大气流到鳃孔呢？其实这是弯曲的触角的功劳，触角便是气流的起点。

　　锤状触角的最末几环上有一个薄薄的空气层。由于触角是朝着胸口的方向弯曲的，便形成了一个与那里的空气膜相连的空气柱。锤状触角的末端（也就是最末一环的顶端）紧紧地靠在水龟虫的体侧。

　　以下是空气流动的路径：大气——锤状触角上的空气柱——胸部的空气膜——胸鳃孔——器官……腹鳃孔——鞘翅下——水中。

　　废气被压到鞘翅下后便从那里进入水中，所以鞘翅末端会不时冒出几个小气泡。

　　要是把水龟虫的触角切掉，它就无法在水里生活：没有了触角会被憋

_____
① 此处套用古希腊学者亚里士多德的一句名言"大自然厌恶空白"（拉丁文 Natura abhorret vacuum）。——译注

死的。但在陆地上就是另一回事了：它可以直接把空气吸入胸鳃孔，不用触角也能存活下来。

水龟虫的主要食物是植物，比如绿色的丝状藻或其他水生植物的嫩叶。对于昆虫、蠕虫和小虾等小型水生动物的残骸它也是来者不拒。有时它还会袭击衰弱或濒死的小鱼。至于灵敏强壮的动物，它就无能为力了：就靠这笨拙的身子，又怎能捕获和制服那样的猎物呢？

到了盛夏，你就可以在水生植物丛生的地方抓到水龟虫的幼虫。它跟龙虱幼虫的样子截然不同：肥肥胖胖，行动笨拙，双颚的形状完全不同，习性也不一样。

如果你用网子同时捞到一只龙虱幼虫和一只水龟虫幼虫，会看到截然相反的表现。龙虱幼虫非常灵活地在网子里爬来爬去，拿手指去抓的话可得小心：它绝不会放过狠狠咬上一口的机会。水龟虫的幼虫则完全放弃了反抗：一旦被抓住，它不知怎么就蔫儿了，看上去半死不活的，就算拿手指去抓也不会被咬。不过，它也有一种惊吓天敌的手段：从嘴里吐出来自肠道的黑色黏液。

尽管如此，水龟虫的幼虫也是一个凶猛的猎食者。

谁会成为它的猎物呢？很明显，只有那些行动不便的水中居民，才会被这样不灵活的猎手捕获和制服。

这样的猎物也是有的，比如水生蜗牛，它行动非常迟缓，很容易追上，而如果懂得怎么压碎蜗牛壳，要制服它也不是难事。小型的水生蜗牛正是水龟虫幼虫的主要食物，特别是一种名叫扁卷螺的生物是它们的最爱。扁卷螺的螺壳呈旋涡状，大小不

超过一个 20 戈比的硬币，厚度大约是硬币的两倍。水龟虫幼虫也会捕猎其他能捉到并制服的水生动物，有时甚至能搞到几尾小鱼。因此，水龟虫群聚的池塘里很难养鱼，鱼苗很容易被吃掉。

水龟虫和龙虱一样，都是水产养殖业的害虫。

龙虱的幼虫在水下享用猎物。它用大颚刺穿猎物后，通过内部中空的管道从猎物内部吸吮体液。这样一来，消化液和被稀释的食物都不会被水冲走。

水龟虫的幼虫并没有这样的管道，不过它同样具有肠外消化的本领。它也会用消化液去处理食物，但并不是把消化液注射到猎物体内，而是直接从外面浇上去。

这样的办法能在水下使用吗？答案是否定的：水会把消化液冲得一干二净。

那幼虫到底该怎么办呢？它的办法很简单：只要不在水里吃东西就好了嘛。

为此也用不着整个钻出水面，而只要把脑袋伸出水面就够了。幼虫采取的就是这个办法。抓到蜗牛之后，它会沿着水生植物爬到水面附近。这也用不着爬多远，因为它通常栖息在离水面不远的植物丛中。幼虫平时要经常浮到水面上呼吸（它的呼吸方式同龙虱幼虫一样），而它本身不擅长游泳，靠"步行"又得花好长时间才能从池塘深处来到水面。于是，幼虫干脆附着在水面附近的植物上，一方面离空气不远，另一方面又有蜗牛吃。

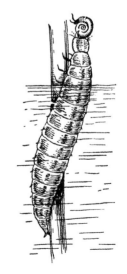

等够到水面后，它就把脑袋和胸部伸到外面。

　　水龟虫幼虫的双颚和龙虱幼虫那两把"镰刀"的样子完全不同。这对颚又笨重又结实，一看就知道可以轻易咬开蜗牛的外壳。

　　咬碎蜗牛外壳之后，幼虫吐出消化液淋在蜗牛身上，再吸食被消化的那部分体液，然后吐出一些新的消化液，再吸食新的体液……如此循环反复，直到把整只蜗牛吃光为止。

　　跟龙虱幼虫的进食相比，这可是件非常麻烦的活儿：水龟虫的幼虫得靠脚挂在植物上，所以只能用触角和双颚来抓住猎物了，而且又得抓紧蜗牛，又得把它打碎，又得一边吸食体液。这样一来，进食的幼虫必须把脑袋不停地摇来晃去，时而对准这边，时而朝向那边，好找到合适的姿势。而龙虱幼虫的情况就完全不同了：它在吃东西时几乎一动不动，只要用大颚咬穿猎物，然后尽情吸吮就好了。甚至连抓紧猎物的功夫都免了：一旦被咬住，猎物就像被缝在了幼虫脑袋上一样，再也逃脱不掉了。

＊　＊　＊

　　龙虱和水龟虫的远祖是生活在几百万年前的陆生甲虫。不过，它们并没有共同的祖先，而是各有各的"家谱"。

　　今天，我们的地球上生活着不计其数的甲虫：目前已知的种类有35万种以上。其中有步行虫、瓢虫、吉丁虫、叩头虫等，还有许许多多其他的昆虫。龙虱和步行虫一样，都属于肉食亚目。而水龟虫属于多食亚目，与鳃金龟、金花金龟、叩头虫和瓢虫等是一类。如此看来，水龟虫和龙虱之间没有什么亲缘关系。你看看步行虫和金花金龟或瓢虫的差异有多大就清楚了。

　　尽管如此，龙虱和水龟虫也有不少相似之处。它们的后腿都很长，上面长满了纤毛，可以起到桨的作用。这也就是所谓的"游泳足"。它们的身体都呈光滑的流线型。这些特点是与水中的生活息息相关的。

　　水中生活的特点也反映到了龙虱和水龟虫的外表上：二者都获得了

"水生的面貌"，但也不会因此就变得一模一样。

　　两种水甲虫在同一个池塘里共同生活，同时也保持了各自的特点，分别以自己的方式适应了水里的生活。只要观察下活的龙虱和水龟虫，就能立刻注意到许多不同之处：它们的游泳方式截然不同，呼吸方式和进食方式也各有特点；它们的幼虫也完全不像。

　　从龙虱和水龟虫的例子中可以清楚地看出，即使是面对同样的环境，动物也能找到千百种适应的办法。尽管动物身上留有来自环境的刻印（水中生活反映在了水甲虫身上），但它的过去也并未消失得无影无踪。因此，不同的动物对相同环境的适应方式也是不同的，原因就在于它们有着截然不同的祖先。

# 15.无花果小蜂

　　这种植物有好几个名字：干枯或晒干的果子叫作无花果，新鲜的果子叫作映日果或费加果，它的树还有个西克莫树的名称[1]。

　　我们眼前是一棵枝繁叶茂的无花果树，大大的叶子非常美丽。在一个风和日丽的日子里，树上出现了一些小纽扣似的玩意儿。这些绿色的小纽扣长呀长，渐渐变得有些像短小的梨子。等它们再长一点儿，就会开始变红、变青、变黑。映日果就成熟了。

　　可它是什么时候开的花呢？映日果毕竟只是"果子"，里面有些很细小的种子。而花在哪儿呢？谁都没看见有花呀。

　　绿色的映日果就好像一个没有颈的"瓶子"，里面盛着小小的花朵。这"瓶子"厚厚的肉质壁以后会长成无花果的果肉，但它并不是果实也不是花朵。简单点说，它倒是比较接近枝条上的嫩芽。花托、花柄和花序柄长在了一起，融合成一团肉质体，形成了映日果的内壁。你不妨想象一下这样的情形：假如向日葵的花盘从边缘开始朝里面翻转，会变成什么样子呢？不难设想，花盘最后会变成一个内壁布满种子的"罐子"。映日果的情况也正是如此：它形成了一个装满小花儿的"瓶子"。

　　不过，向日葵花盘的底部并不好吃，人们只吃它的种子。而无花果好吃的部位恰好就是"瓶子"的"瓶壁"，种子反倒只会塞牙缝碍事。

　　"瓶子"里的小花儿看起来根本就不像花。它们密密麻麻地挤在"瓶

_____

[1] 　汉语中基本不区分无花果的几种名称，以下主要为音译，根据表达需要适当调整。——译注

子"里，像一层苔藓似的铺满了它的内壁。"瓶子"里朝外开着一个狭窄的出口，上面密实地盖着细小的鳞片。

雄花由雄蕊外加几块不透明的鳞片组成。这种花通常只有一两个雄蕊，很少出现更多的情况。

雌花是由雌蕊组成的，可以分为两类：一类的蕊柱很长，另一类的蕊柱很短。

有的"瓶子"里三种花都有，有的"瓶子"里只有雄花；有的"瓶子"里有雄花和长柱雌花，有的"瓶子"里有雄花和短柱雌花。此外，这几种花在"瓶子"里的位置也不尽相同：有的是杂乱无章地分布着，也有的是雄花在出口，雌花在深处。

无花果树的花朵和花序可谓是千姿百态：这种植物本身就有许许多多的不同种类嘛！

短柱雌花是结不出种子的：它的柱头发育不完全，不能适应受粉的需要。但这些花并不是"畸形儿"，而是相当正常的花。显然，它们对于无花果是有某些作用的。

没错，无花果是一种非常有趣的植物。它的花不像花，果肉却甘美可口。最重要的是，它里面住着一些很了不起的"居民"呢。

无花果的花并不是靠风力传粉的：风哪能吹到它的"瓶子"里头呢？所以它只能靠昆虫传粉了，而且并不是随便什么昆虫都能担负这个任务。

即便是不明真相的人也不难断定，为无花果传粉的不是蝴蝶：哪有蝴蝶能挤进它那窄小的"瓶颈"呢？这"瓶颈"对于熊蜂、蜜蜂和黄蜂也是太窄了，何况"瓶子"里也没有甜美的花蜜，这才是最大的问题。既然没有了花蜜，这些爱吃花蜜的昆虫又怎么肯挤破脑袋往里面钻呢？

能为无花果花传粉的只能是些小不点儿，而且能把它们引来的并不是花蜜，而是别的什么东西。它们并不是无花果的"客人"，而是它的"住户"。

这类小不点儿的昆虫有很多种类，它们被统称为小蜂，其中就包括了住在无花果里并为它传粉的一类——无花果小蜂。它们还有另一个名字叫"无花果传粉蜂"，可谓是一下道出了它们的主要活动。无花果小蜂体形极其微小，勉强能达到 2 毫米长。雌蜂有翼，雄蜂无翼。

无花果小蜂的幼虫以无花果的子房为食，被吃过的子房当然就结不出

种子了。不过，并不是所有的子房都会遭到这些"住户"的祸害的。

在俄罗斯及周边国家，野生无花果主要分布在外高加索①的山区和中亚的某些地区（科佩达格②、希萨尔③、达瓦扎④）。这些无花果的"瓶子"可以分为两类：其中一类里有雄花和短柱雌花，另一类里只有长柱雌花。有的树上只有前一类"瓶子"，有的树上只有后一类"瓶子"。无花果是一种雌雄异株植物。

小蜂就是在既有雄花又有雌花的"瓶子"里出生的。

刚刚降生的雌蜂在"瓶子"里爬动，努力想找到一条出去的路。它向"瓶子"底部那窄小的出口爬去，而那里正是雌花生长的位置。成熟的雌蕊让雌蜂沾了一身的花粉。

钻到外面的雌蜂开始清理身子。它身上不仅沾满了花粉，还弄得有点儿脏，因为"瓶子"里湿乎乎的。可不管它怎么清理，都没法把花粉清理干净。

① 指高加索山脉以南的格鲁吉亚、亚美尼亚和阿塞拜疆三国。——译注
② 中亚山脉，位于伊朗和土库曼斯坦交界处。——译注
③ 塔吉克斯坦西部城市。——译注
④ 又名"地狱之门"，土库曼斯坦中部的一片天然气田。——译注

等身上变得稍微干净和干燥了点儿，雌蜂开始为后代寻找合适的住处。它要找的是一些初生的"瓶子"，于是它在无花果树间飞来飞去，在枝条上爬来爬去，寻找着合适的"瓶子"。

它发现了一个初生的"瓶子"，里面满满的全是雌花。许多雌蕊从它的内壁和底部伸出来。它们弯曲着四处伸展。在我们眼中，这只不过是一小丛茸毛，而在雌蜂看来，这就是一片可以深深躲藏的密林。

雌蜂在"密林"的顶上快速爬动，用产卵器刺穿了雌蕊的柱头。产卵器越探越深。卵必须产在子房里面，幼虫只有在那里才能发育起来。

柱头有长有短，但雌蜂并不挑三拣四：它可能在任何柱头上产卵。当产卵器完全进入之后，它就把卵产下去。

如果柱头是短的就最好了，因为卵可以直接来到子房中。

可要是雌蜂进入的是长柱头的"瓶子"呢？

当雌蜂在这样的"瓶子"里爬行时，它会把身上的花粉留在柱头上，让花完成了授粉。有的时候，雌蜂也会试着把产卵器伸进长柱头里，但产卵器比柱头要短，产出来的卵进不到子房里，幼虫自然也就无法发育了。

雌蜂不断寻找着新的"瓶子"，在其中一些"瓶子"里产了卵，顺带沾上一身花粉，在另一些"瓶子"里把花粉留在了柱头上。

美味可口的无花果是由那些开着长柱雌花的"瓶子"发育成的，而里面有幼虫生长的无花果开的都是短柱雌花，所以不适合食用。结出这种果子的无花果树甚至还有个专门的名称叫"卡普里无花果树"，意思是"山羊无花果树"[①]。

以上就是野生的无花果树上发生的情况。

人类种植的无花果树有很多不同的品种。一般认为其中最好吃的是西

---

[①] "卡普里"（caprea）在拉丁语里是"山羊"的意思。——译注

克莫无花果，这种果子只有授粉才能结出来。然而，为无花果传粉的小蜂却是在卡普里树上生长的。总不能为此就在果园里种几十棵卡普里树呀，它们占的地方太多了，而且根本就结不出什么果子。

其实也没必要大规模培植卡普里树。早在两千多年前的古罗马时代，人们就发现了这种无花果树的重要作用。尽管当时还没人了解其中的奥秘，但大家都坚信没有它们就结不出映日果，也就吃不到无花果干了。除此之外，人们还知道另一个事实：没有卡普里树，映日果里面就不会有种子。

古代的园艺家们想出了一个简单的办法。他们从野生的卡普里树上摘下一些枝叶，把它们挂在人工种植的无花果树的枝叶之间。如果当地没有野生无花果，他们就种上几棵，好从上面摘取叶子。

到了今天，我们主要通过扦插法①和压条法②来种植西克莫树，用种子繁殖的方法已经少见得多了。许多种人工培育的无花果不用授粉也能生长得很好。这些无花果都没有种子，但它们是种出来吃的嘛，要种子也没什么用。

目前已知的野生无花果多达数百种，为它们传粉的小蜂也有一百多种。俄罗斯的克里米亚③、高加索和中亚地区广泛分布着无花果小蜂，它们靠着普通的映日果树繁衍生息。映日果没有小蜂就结不出种子，而小蜂也离不开无花果提供的环境。没有卡普里树的地方，就见不到无花果小蜂的影子。

当年人们把映日果引进了北美洲，没过几年又把无花果小蜂送去给它们做伴。因为映日果必须靠无花果小蜂才能结出种子，而北美本土并没有这种合适的小蜂。

---

① 一种无性繁殖方法，将植物的营养器官（根、茎、叶）插入土壤培育成独立植株。——译注
② 一种无性繁殖方法，将植株的枝条压入土壤，待生根后将其与母体割离，培育成独立的植株。——译注
③ 欧洲东部、黑海北岸的半岛，俄罗斯与乌克兰的争议地区，目前由俄罗斯实际控制。——译注

# 16. 黄凤蝶的蛹

————

　　每个刚入门的蝴蝶爱好者都梦想能亲眼看一看美丽的黄凤蝶。当然，这句话是对俄罗斯北方的朋友说的，因为黄凤蝶在北方比较稀罕，而在南方就屡见不鲜了。

　　黄凤蝶的幼虫也十分引人注目，它不仅又肥又大，而且色彩非常艳丽：绿色的底色上绕着许多黑色的环状斑纹，斑纹上分布着橘红色的小斑点。

　　黄凤蝶幼虫不会躲藏，何况在茎秆的顶端（也就是"小伞儿"的附近）也无处可躲：那里没有叶子嘛。要是"伞儿"太小，里面的空间就挤得慌，想躲也挤不进去；要是"伞儿"大一点儿，里面又会四面透光，躲进去也没什么用。

　　这"伞儿"其实是伞形花序植物的花朵，黄凤蝶幼虫就以这类植物为食。像土茴香①、胡萝卜、欧芹②、大型的"管状植物"（比如欧白芷③）、亮叶芹④、泽芹⑤等多种伞形花序植物，都是这种毛虫生活的地方。

　　黄凤蝶幼虫的体色是一种警戒色，它仿佛是在说："别碰我，我不好吃。"万一还有动物敢打扰它，它便用实际行动来强化自己的"招牌色"：脑袋后面突然鼓起两个鲜艳的突出物，看上去就像一对犄角。毛虫就用这

————

① 又名莳萝，属伞形目伞形科莳萝属，草本植物，主要用作调味品。——译注
② 属伞形目伞形科欧芹属，草本植物，西餐中的重要调味品，亦可生食。——译注
③ 属伞形目伞形科当归属，药用草本植物。——译注
④ 属伞形目伞形科亮叶芹属，药用草本植物。——译注
⑤ 属伞形目伞形科泽芹属，药用草本植物。——译注

根"叉子"去威吓来犯的天敌，受了惊的鸟儿往往会放弃这只吓人的猎物。何况它身上还开始散发出刺鼻的气味呢……

盛夏时分，毛虫在生活的地方化为虫蛹。它有时会往下滑一点，有时依然留在顶端，有时爬到叶子底下躲起来，有时就直接在光秃秃的茎秆上化蛹。各种各样的情形都可能发生……可是，为什么它会在不同的地方化蛹呢？这个问题目前还没有答案，以后也未必能做出解答：这里面似乎没有任何规律可循。

不过，如果给我看几个黄凤蝶蛹，我就能说出它原本的位置：是在高处呢还是低处，是在暗处呢还是亮处。有时候我也可能会出错，但正确的次数将会比错误的次数多得多。

我是怎么知道的呢？其实只要看看蛹的颜色就行了。

如果毛虫不是在暗处，而是在光线充足的茎秆上化的蛹，它的蛹便是浅浅的黄绿色；如果是在地表附近化的蛹，它的蛹便是较暗的颜色。

要是毛虫在完全黑暗的环境下化蛹（比方说抓一只放在光线照不进去的黑盒子里），它的蛹会是什么样的呢？

"大概是跟煤球一样黑不溜秋的吧。"许多人可能会猜测了。这样想可就错了：虫蛹的颜色会变得非常浅，简直跟白色差不多。

真奇怪呀：在亮处变浅，在暗处变深，可在完全的黑暗中不但没进一步变深，反而变得比亮处更浅了。

乍一看确实叫人摸不着头脑，所以得先了解一下，黄凤蝶蛹的颜色取决于哪些因素。一旦搞清楚了这点，颜色的变化就没有丝毫奥妙之处了。

请你收集一些黄凤蝶幼虫并把它们养大。等到最后一次蜕皮临近的时候，把它们分别放到不同的容器里饲养，令一部分幼虫在黑暗中化蛹，另一部分在光照下化蛹。这大概就同自然界中的情形差不多。

试着换换不同的背景色：深色、亮色、绿色、黑色，等等。这会对虫蛹的颜色产生影响吗？

不管怎么操作，你总能得到相似的结果：黑暗或深色的容器中结出深色的虫蛹，明亮的容器中结出绿色的虫蛹。

这样的颜色对虫蛹有没有好处呢？当然有了。深色的虫蛹在阴暗浓密的叶子中不容易发现。绿色或黄绿色的虫蛹在强光下很难看见：光照下的叶子和茎秆都是亮绿色的。

虫蛹的颜色原来是一种保护色（隐蔽色）。可是，这种颜色是怎么形成的呢？毛虫和虫蛹可不会去"思考"，在黑暗中和在亮光下分别要穿什么"衣服"才好呀。它们自然是懵懂无知的，何况"考虑"和"愿望"又怎么可能改变虫蛹的颜色呢。

阳光是多种颜色的光线的混合物。不论是空中的彩虹，还是透过水瓶映在白桌布上的彩斑，抑或是物理书上介绍的光谱，这些彩光在日常生活中随处可见。除此之外，阳光中还有我们用肉眼无法看到的光线：紫外线和红外线。

虫蛹的外壳中含有几种色素，色素的组成、数量和分配影响着虫蛹的颜色。

光谱中的光线作用于虫蛹的表面，对色素的形成产生特定的影响。哪种色素多一点，哪种色素少一点，各种色素在外壳中的分配如何，这些因素就决定了虫蛹的颜色。

紫外线会促进深色素的发育。在暗处化蛹的毛虫吸收了更多的紫外线，所以结出深色的虫蛹。在亮处化蛹的毛虫从阳光中吸收了大量的黄光，黄光能促进黄色素和绿色素的发育，结果就是结出黄绿色的虫蛹。由此可见，毛虫化蛹的地点和周边环境的背景色就是决定虫蛹颜色的因素。

在完全黑暗的环境下形成的虫蛹颜色极浅，是脏乎乎的白色，上面有少许深色或黑色的斑纹。为什么呢？因为那是一片彻底的黑暗，什么颜色的光线都没有，也就没有哪种色素会迅速发育起来。

如果把毛虫放在自然界不存在的背景色中，又会发生什么事呢？

让毛虫在白色、浅蓝色或红色的环境下（也就是光谱的浅蓝光段和红光段）化蛹并非难事。结果非常出人意料：浅蓝光下的虫蛹是近乎黑色的深颜色，红光下的虫蛹大体是黄绿色的。由此可见，浅蓝光促进深色素的形成，红光促进黄绿色素的形成。

深色虫蛹在浅蓝色背景下、绿色虫蛹在红色背景下都显得非常突兀，从远处都能一眼看到。这算哪门子的保护色啊？

在自然界中，黄凤蝶幼虫要么在亮处、要么在暗处化蛹，而不会跑到什么浅蓝色或红色的背景中。虫蛹的颜色是一种非常有用的适应，能起到隐蔽和保护的作用。虫蛹形成的环境有各种不同的背景色，相应的虫蛹颜色也各有不同。这种颜色随着背景色的变化而不同：要么受这类光线影响，要么受那类光线影响，要么在亮处形成，要么在暗处形成。但基本的情形只有两种：亮和暗。虫蛹的颜色就是由上述因素决定的。

至于自然界中不存在的背景色，也都可以归入"亮"或"暗"这两大类中的一种，对黄凤蝶而言也没有其他情况了。

＊　＊　＊

黄凤蝶并不是一种随处可见的昆虫，要抓到几十只幼虫更非易事。但欧洲粉蝶是一种寻常的蝴蝶，在它的栖息地很容易就能找到几十只甚至上百只幼虫。

即使在饲养箱中也能注意到，粉蝶蛹的颜色也略有区别，有的浅一点，有的深一点，有的白一点，有的绿一点。在自然条件下，这些蛹的颜色差异就更大了。白墙上的虫蛹是近乎白色的浅色，旧篱笆上的虫蛹是灰色的，深色树皮上的虫蛹则是深色的。

请你捕捉一些成熟的欧洲粉蝶幼虫，把它们分成几组，放在不同的环境下化蛹。其中一组放在被太阳晒得暖烘烘、光线和热量都很充足的地方，另一组则放在阳光照不到的暗处。

还没完呢。请你再为两组幼虫都准备一些不同的背景色：白色、绿色、灰色、黑色等。做起来很简单，只要把毛虫放到不同的小罐子里，再把内壁用不同颜色的砂纸遮住就行了。

还有一个非常精细但不太方便的办法。往一个大盆子里倒点儿水，在水里放几座小小的浮台（用木板切成的方形木片），浮台中央立一道 8 ～ 10 厘米高的胶合板壁。浮台的大小要控制好，免得被上面的板壁弄翻。最后把浮台的表面和整面板壁都贴上所需的彩纸就行了。

往每个浮台上都放一只已经停止进食、准备化蛹的毛虫，它就会爬到

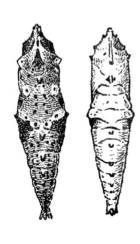

板壁上化蛹。

请你观察结出来的是什么样的蛹，光线和背景的颜色又会产生怎样的作用。

你会发现，阳光直射下的虫蛹总体上要比暗处的虫蛹颜色更浅一点。虫蛹所处的那个平面的颜色，也就是"背景色"同样会影响虫蛹的颜色。

这说明了什么呢？

为什么强光下结出的虫蛹颜色更浅呢？因为虫蛹在强光下更容易升温，而浅色能保护它们免于过热。深色在暗处比较有利，因为黑暗中热量不足，深色能吸收更多的暖光。如果把罐子和虫蛹放在只有8℃～10℃的阴凉处，你还能得到颜色更深的虫蛹。

总之，温度会影响虫蛹的颜色。

毛虫化蛹的背景也会产生作用。同黄凤蝶蛹一样，欧洲粉蝶蛹的颜色也能帮助虫蛹隐藏在背景色中。亮色背景下不太容易看见浅色虫蛹，暗色背景下不太容易看见深色虫蛹。

不过，你可别以为橘黄色背景下会结出橘黄色的虫蛹。做个实验就会发现，橘黄色背景下的虫蛹是绿色的。原因跟黄凤蝶蛹的变色原因一样：背景色并不是简单地"复制"到虫蛹身上的，而虫蛹可能产生的颜色也只有很少的几种。

再仔细观察一下欧洲粉蝶蛹，很容易发现夏天和秋天结出的蛹是不一样的。

夏天的虫蛹更加细长，但也更加棱角分明。它的背侧长着一些锯齿或尖刺，通常都很大，有时还会向内弯曲。秋天的虫蛹不太细长，棱角更少，也没有尖刺。

影响了虫蛹形状的其实是温度：盛夏的气温要比暮夏高得多。

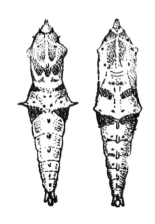

请你在盛夏时分捕捉几只欧洲粉蝶幼虫，把它们同饲养箱一起移到阴凉的地方。等到幼虫快要化蛹的时候，再把饲养箱移到温度更低的地方（8℃～12℃）。让幼虫在那里化蛹。不过你要记住，在热量不足的情况下，幼虫的发育速度要缓慢一些。

观察一下结出来的虫蛹，你会发现它们都是没有尖刺的"秋天型"。

在生长着荨麻的地方，荨麻蛱蝶是一种随处可见的昆虫。它的幼虫也正是在荨麻上化蛹的。但跟欧洲粉蝶、山楂粉蝶和黄凤蝶不同的是，荨麻蛱蝶的虫蛹并不是靠丝带固定在荨麻上，而是靠腹部末端的小丝垫的固定作用倒吊着。

这是一种棱角分明的虫蛹，灰褐色中泛着金色或青铜色的光泽。仔细看看荨麻蛱蝶的虫蛹，会发现其中有的颜色较浅，金色比较突出，有的颜色较深，光泽不太明显。前者悬挂在亮光之下，后者悬挂在不透光的密密的叶子中。可见这又是光线的作用。

光照和背景色也会对山楂粉蝶、孔雀羽蛱蝶和优红蛱蝶的蛹产生影响。不论是在哪种虫蛹身上，颜色都与周围的环境密切相关，并且总能对虫蛹起到一定的保护作用。

# 17.活火箭

在我的记忆中，第一次与它们相见是在遥远的童年。当然，在那之前我应该也见过它们。盛夏时分的花园小径，篱笆外的林间空地，莫斯科旧城荒草萋萋的大院……只要在这些地方走一走，还有什么昆虫是见不到的呢？不过，之前的见面都没给我留下什么印象。

花园的篱笆与干草棚之间有一片很大的草甸，我家的驴子经常在那儿闲逛。这是个极淘气又贪吃得出奇的家伙，简直一分钟都不能放松看管，否则非闯下许多祸不可。有时在孩子们的请求下，大人也会放它出去溜达溜达，但我们这些小孩就必须承担起看管它的义务。与其说是看管，倒不如说是保护它能用嘴够到的一切东西（青草除外）。不管是晾浴巾的绳子、挂在篱笆上的破布，还是摘野果的篮子和采蘑菇的筐子，这头驴子从来都是来者不拒。

为了看管驴子的缘故，我常常几小时在草地上走呀、站呀、坐呀，这样的情形每周可不止一两次，而是好几天都花在了草甸子里。我一边留意着驴子，一边观察旁边的情况。干草棚顶上的喜鹊，花园篱笆上的红尾鸲，草地上的荨麻蛱蝶……一切都那么有趣，引得我只想好好看看，有时竟完全把驴子忘到了脑后，于是它就趁机搞起破坏来。

草甸上空有时会拉起几条晾衣绳。草甸很宽，绳子很长，中间靠几个叉子把绳子撑起来。在晾衣服的日子里，大人自然是不让驴子到草甸上晃悠的。

真奇怪呀！只要把绳子拉起来，"它"就会立刻出现——那是一只极美的蓝蜻蜓。我直到现在都搞不明白，它是从哪儿冒出来的。在平常的日子里，不论是草甸还是附近都见不到它的踪影。但只要草甸上拉起了绳子，再过个 10 ～ 15 分钟，绳子上就会落着一只蜻蜓，而且每次都是蓝蜻蜓！

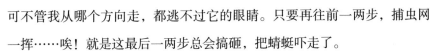

蜻蜓张着翅膀，停在绳子或支撑的叉子上，扁平的大肚皮在阳光下闪着醒目的蓝光。只要一受惊动，它就会腾空而起，在绳子旁边盘旋一会儿，然后又落回了绳子上……

它看上去简直唾手可得，似乎只要靠近了就能用手捉住。

想得美！我拿着捕虫网偷偷靠近它，可不管我从哪个方向走，都逃不过它的眼睛。只要再往前一两步，捕虫网一挥……唉！就是这最后一两步总会搞砸，把蜻蜓吓走了。

我千方百计地尝试，有时踮着脚尖，有时趴在地上……照样是白费劲！

到了最后，我看到晾衣绳时还是会跑回去拿捕虫网，不过只是出于习惯罢了。

"反正也抓不住。"

可心里却怦怦直跳："要是这一回逮着了呢？……"

当然，我终于还是捉住了它，不过那已经是好几年后的事了。再到后来，我才知道了它的名字。名字很普通，让我大失所望。

"宽翅蜻蜓"——这么寻常的名字哪里配得上这样美丽的生灵呢？给它

命名的是著名的瑞典博物学家卡尔·冯·林奈[①]，他起名字时想必是对它的美无动于衷吧。

也正是在那时，我了解到浅蓝色的蜻蜓是雄蜻蜓，而雌蜻蜓的肚子是黄色的。

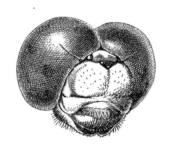

我花了很长时间仔细研究我的蓝蜻蜓，终于明白了为什么偷偷靠近它会那么难。

美丽的蓝蜻蜓长着一双大大的眼睛。这双凸起的球状眼不仅占去了头的两侧，而且还延伸到了头的前面、后面、上面和下面。蜻蜓靠着它们可以立刻看到周围的一切，不管是前面还是后面，上面还是下面，抑或是两旁……从外表上看，这双眼睛被分成了许多小小的格子，泛着不同颜色的彩光。后来我在书上读到，蜻蜓的眼睛是一种复眼，每只眼睛都由成千上万的小眼组成，于是我试着数一下它们的数目。我用放大镜观察蜻蜓的眼睛……可哪里数得清呢！还没数到一百个，我就彻底晕头转向了。

靠着这样的复眼，蜻蜓总能觉察到天敌的踪影，特别是当天敌有所动作的时候。如果天敌位于猎物和太阳之间，影子便会从猎物身上掠过，自然更容易惊动蜻蜓。不过，我当时还是个一年级的小学生，影

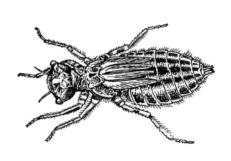

子并没有落到蓝蜻蜓身上。这倒不是因为我有意去防止影子出现：我根本就没想到影子会暴露我的行踪呢。原因很简单：绳子的高度超过了我的脑

---

[①] 卡尔·冯·林奈（1707～1778），瑞典生物学家，动植物命名双名法的发明者，为现代生物分类学做出了卓越贡献。——译注

袋，我的影子根本不可能落到蜻蜓身上，而只能在绳子下方。其实呢，我是在不知不觉中用捕虫网惊动了蜻蜓：我把它当旗杆似的竖着拿，它的影子被蜻蜓发现了，但更主要的是白色的纱网反射了阳光，看上去就是个明亮的光斑，光斑一动就把蜻蜓吓跑了。

唉，影子呀！在我捕虫的头几年里，它真是给我带来了数不清的困扰。后来，等到我成为经验丰富的捕虫专家和观察能手之后，就很少让影子惊动猎物了：我总是尽量避免背着太阳接近猎物。

你不妨观察观察不同昆虫对影子的反应。瞧，花朵上有黄蜂，有苍蝇，有甲虫，有蜜蜂，还有蝴蝶。这些昆虫中有的在花朵里钻来钻去，忙着享用甜美的花蜜或花粉，也有的就只是待在花朵上休息片刻，晒晒太阳。当影子从花朵上一掠而过时，有的昆虫颤抖一下立刻就飞走了，还有的似乎什么都没注意到。

落在田间野花上的影子……掠过林中花草的影子……这些影子彼此大不相同，森林里的昆虫和田野里的昆虫也有着不同的行为。昆虫本身也是多种多样的，每一种都有自己独特的习性，远不是所有昆虫都那么谨小慎微、草木皆兵的。

如果你能利用影子惊动昆虫并观察这些影子，就能看到和学到许多有意思的事情。

过了几年，我学会了（确切地说是别人把我教会了）捕捉蜻蜓的技巧，就算最谨慎、最敏捷的蜻蜓也逃不出我的掌心。蜻蜓世界中的巨人们——蓝晏蜓、帝王伟蜓、身躯庞大的金环蜻蜓、青铜色的弓蜻蜓和箭蜻蜓，一个个都成了唾手可得的猎物。

秘诀很简单：在朝霞初升之前起床去捕虫就行了。

一大清早，我冒着清凉的露水在池塘、湖泊、河湾和沼泽边上行走，在那里寻找夜间被冻得一动不动的蜻蜓。这些附在芦苇、香蒲、灌木和树干上的蜻蜓仿佛睡着了一般，往往只用手指就能抓起来。这里倒不必担心影子的问题：清晨时分还根本没有影子呢。而且就算出现了影子并落到蜻蜓身上，冻僵的蜻蜓也不会被它惊动。

老实说，我并不是很喜欢捕捉蜻蜓。被做成标本的蜻蜓眼中不再泛着美丽的光芒；蓝晏蜓肚子上那浅蓝色、黄色和绿色的光斑和条纹失去了光泽；帝王伟蜓的雄虫本来特别华美，有绿色的胸膛和蓝色的肚皮，做成标本后却变成了灰褐色，跟普通的棕猎蜓黯淡的体色没什么区别。蜻蜓就像被雨打了的劣质印花布一样褪色了。

顺带说一句，我也不怎么喜欢收集死蜻蜓。活蜻蜓可比钉在大头针上的标本有趣多了，而蜻蜓的幼虫还要更有趣呢。早在我初遇蓝蜻蜓的那段日子里，我就已经认识了蜻蜓幼虫。我们家附近的小池塘里栖息着许多小生物，用网朝水里一捞，就能搞到不少水甲虫、水虿、蝌蚪、蜗牛以及各种昆虫的幼虫。

这堆小动物里肯定会有蜻蜓的幼虫。其中有的慢慢吞吞、稳稳当当地爬着，还有的比较活泼，但它们看上去都有些相似之处，连我这个小孩儿也能立刻注意到。我描述不出这种相似，但让我从网里找出所有蜻蜓幼虫就不在话下了。最重要的是，我知道这些幼虫就是未来的蜻蜓。它们的脑袋上都长着大大的眼睛，看上去跟蜻蜓非常相像。

蜻蜓幼虫在水族箱里能生活得很好。它们毫不娇贵，饲养起来很容易。

观察起来最方便的是蓝晏蜓的幼虫：它们体形很大，最重要的是发育期长达两年。从卵中孵化出来的幼虫要花上两个夏天的时间去发育，直到过了第二个冬天，在第三个夏天才化为成虫。在这段时间里，幼虫要经历十次左右的蜕皮，最终能长到原来的 15 ～ 30 倍大。

蓝晏蜓幼虫可以整年都养在饲养箱里，重要的是让它们在那儿过冬就行。

要把这种幼虫同其他蜻蜓的幼虫区分开来并不困难。在第三个夏天，蓝晏蜓的幼虫能长得非常庞大，足足能达到 5 厘米长，而帝王伟蜓的幼虫甚至能长到 6 厘米长。这两种幼虫算是蜻蜓家族中最大的了。

蓝晏蜓幼虫的肚子很长，末端逐渐收缩，最后形成几个尖尖的分叉。真正的蜻蜓幼虫[①]的肚子又短又粗，看上去就像被截短了似的。丝螅、细螅、色螅等小型蜻蜓的幼虫更加细小苗条，此外还有一个更重要的特征，那就是肚子末端长着三片长长的小叶儿。

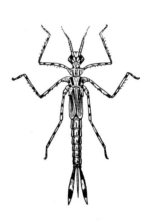

蜻蜓幼虫是水中的居民。跟其他水生动物一样，它们也有不少同水中生活相关的特征。蜻蜓幼虫最有趣的器官位于身体的前端和后端。你也可以把幼虫从水里拿出来观察，但这样的观察又有什么用呢？器官只有工作时才能好好观察，为此就必须把幼虫放在水中。

我捉了十几只蓝晏蜓幼虫带回家。我为他们准备的房子并不是水族箱，而是一种很浅的玻璃器皿，叫作结晶器。这是一种宽大的圆罐子，高度只有 10 厘米左右。我的幼虫并不需要多深的水，而结晶器里的幼虫从上方观察是非常方便的。

我在结晶器底放了点儿河沙，往水里扔了几枝伊乐藻[②]，幼虫的房子就准备好了。

蜻蜓幼虫是食肉生物，不吃肉就没法活。它们什么都能吃，管它是蝌蚪、苍蝇、蚊子还是孑孓[③]，也可以喂又小又软的毛虫，生牛肉也毫无问题。

---

① 这里指的是蜻科（Libellulidae），也就是俗称的"蜻蜓"，而蓝晏蜓属于晏蜓科（Aeshnidae），下文提到的丝螅、细螅则分属蜻蜓目下的另外几个科。——译注
② 泽泻目水鳖科，水生植物，常用作净化水体或培养饲料。——译注
③ 蚊子的幼虫，营水生生活。——译注

不过，喂给它们的猎物得是活的，因为幼虫只会攻击活动的生物。如果要喂肉的话，就得找根小棍儿把肉拨动几下，不然幼虫是不会去吃的。随着时间流逝，它们也逐渐习惯了生肉，不用"说服"也会自己去享用了。

这些贪吃的虫子需要大量的食物，所以不能把体形大小不同的幼虫养在同一个容器里：万一肚子饿了，体形较大的幼虫还会攻击较小的同胞呢。

不管是成虫还是幼虫，观察昆虫进食总是能学到许多有趣的东西，食肉昆虫就更是如此。食肉昆虫必须抓住猎物，而且还得活捉才行。观察它们的盛宴并不只是看看进食的样子，还能看到猎手捕捉猎物的场景。

蓝晏蜓幼虫是怎么捕捉猎物的呢？

我往养着幼虫的罐子里放了一只蝌蚪。只放了一只——我可没法同时盯住好几只呀！我很想亲眼看看幼虫捕捉蝌蚪的情景。罐子里有好几只饥肠辘辘的幼虫，食物却只有一个。可又能怎么办呢？剩下的就只好稍微等等啦。其实它们也不用忍饥挨饿多久：只要有一只幼虫抓住了第一只蝌蚪并开始享用，我就会往罐子里放第二只、第三只。有多少只幼虫，就放多少只蝌蚪。等我看到需要观察的东西之后，就一下子放进去十来只蝌蚪。让它们饱餐一顿吧！

蝌蚪灵活地从伊乐藻的枝条间钻了过去。它游近玻璃罐的内壁，靠着那层薄薄的水藻浮到上面。它的动作非常迅速，没有碰到什么麻烦，而且附近一只幼虫都没有。猎手还没有发现猎物，猎物自己却还在找东西吃：它吞食着薄薄的水藻层。

蝌蚪把玻璃上的水藻吃得干干净净，但我可不是让它来清理玻璃的呀，于是我用小棍儿把蝌蚪从玻璃上拨开了。它摇着尾巴游动着，就在这时……

蜻蜓幼虫注意到了蝌蚪的存在，至少是把脑袋转向了它的方向。

蝌蚪游得更近了。幼虫还是待在原地一动不动，但身体前端的脑袋下方伸出了一块长长的薄片，就像一只怪模怪样的手。它用这只"手"抓住

蝌蚪，把猎物送到嘴边，塞进了
嘴里……

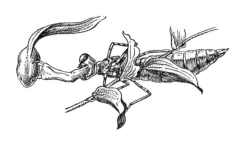

　　这就是蜻蜓幼虫狩猎的过程。

　　我又往罐子里放了一只蝌蚪。
这一回幼虫的行动有所不同。它
远远就发现了蝌蚪，便静悄悄地朝它爬去，等靠近后又是"大手一挥"，就
把猎物给抓住了。这位猎手不跳跃也不猛扑，不用嘴巴也不用爪子，却也
能把猎物收入口中。

　　蜻蜓幼虫有一个特殊的攫取器官，也就是它脑袋前端那个有趣的玩意儿。

　　这个器官有一个专门的名字，叫作"脸盖"。它是由下唇变异而来的，
外形像一块中间对折的长形薄片，末端长着两个大大的钩子。幼虫伸出这
个长长的下唇，用那两个可活动的钩子抓住猎物，然后把下唇一对折，猎
物就自然落到口中了。

　　在平时不打猎的时候，合起来的下唇罩住了幼虫脑袋的前部，看上去
就像一个面具，所以才被叫作"脸盖"。

　　脸盖是一种绝佳的适应现象。蜻蜓幼虫不会游泳，爬得又非常慢，何
况单是靠近猎物也不够，还得想办法把它抓住呀。于是幼虫就发育出了这
样一种攫取器官。当然，它的下唇也不是一下子就从啃咬器官变成捕食器
官的，而是经过千百代的演化才成了今天的脸盖。

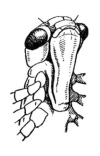

我看着蓝晏蜓的幼虫，试着在脑海中描绘下唇形状变化的过程，可是什么都想不出来：我的想象力还是太贫乏了。但这些变化的奇妙结果如今就呈现在我的眼前。

幼虫们相继捉到了蝌蚪，正忙着大快朵颐呢。幸免于难的蝌蚪也在吃东西，把玻璃罐内侧的水藻清理得干干净净。它们一个会刮，一个会抓，都有自己的方式来适应取食的需要。

蜻蜓幼虫生活在水中，那它是怎么呼吸的呢?

我没看过幼虫浮到水面上换气的情形，其实不管怎么观察，都不可能看到这种景象。当然，有时候也有幼虫会浮上水面，但只要简单地看上一眼，就能断定它并不是上去呼吸的。

很明显，蜻蜓幼虫并不是直接呼吸空气的。既然如此，那就说明它吸收的是溶解在水里的氧气。

要是再仔细观察观察，你就会发现幼虫的肚子在微微地一起一伏。它显然是在把水吸进肚子里，不然为什么要鼓肚子和收肚子呢?

我拿了一罐水，往罐底撒了一点儿细沙，然后把幼虫放了进去。

幼虫一动不动，但它身后的沙子变得稍稍有些混浊：它仿佛是在把沙子往后推开呢。每次只要一收肚子，身体后面就会冒出一股轻微的沙流。不难看出，幼虫是在把什么东西从肚子里排出来。是什么呢? 当然是水了。

肚子的收缩和肚子后面的沙流——这都是蜻蜓幼虫的呼吸器官工作时的外在表现。这些器官位于肠道的后部，但要在活的幼虫身上观察自然是不可能的。

顺着幼虫的背侧切两道纵向的口子，然后在两道口子之间横着切一刀，把甲壳从幼虫背上取下来，就可以看到幼虫的体内构造了。

幼虫身体的中部是肠道，沿着肠道两侧有两条长长的管子，管子上长着许多细细的分支。大多数分支的末端都连接着肠壁。这两条管道和细密

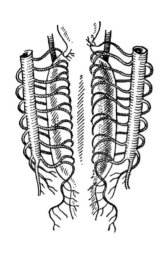

的分支就是幼虫的气管。

肠道的后部分布着幼虫的呼吸器官。它的肠道末端扩张成了一个小囊，里面可以看见许多突起的柔软瓣儿，每片瓣儿都分支出不少细细的支气管。这个器官就是所谓的"直肠鳃"（肠道的最后一段在拉丁语中称为 *rectum* "直肠"）。靠着直肠鳃的帮助，气管中的空气溶解了丰富的氧。幼虫时时刻刻都在将水吸入肠道，然后再从肛门排出来。在水流经肠道的过程中，它就从水里获得了氧气。当屁股上的尖刺分开的时候，肠道的入口是开放的，幼虫处于水中时一般就是这样的情况。万一到了无水的地方，它就会紧紧地收缩尖刺，把肠道的出口封闭上。靠着这种把水截留在直肠里的办法，幼虫还能在无水的环境下呼吸一段时间。

幼虫屁股上的尖刺不仅能发挥独特的封闭作用，还能用作自卫的手段。万一被敌人抓住，幼虫就会蜷曲身子，用尖刺去攻击对方。这种防御手段自然并不总能奏效，比如龙虱的身上就披着厚厚的铠甲，

尖刺对它来说没什么好怕的。刺中敌人也不一定管用；就算幼虫刺伤了敌人，迫使敌人把自己放走，但它自己也已经受了伤呀。不过话说回来，世上根本没有能对抗一切天敌的防御手段，既然如此，蜻蜓幼虫又凭什么能例外呢？

直肠里储备的水为蜻蜓幼虫创造了一种独特的运动方式。

我碰了一下幼虫，它立刻逃到了一旁。脚也没动，身子也没动，就有一股力量将它猛推到 10 厘米开外。它把身子略略一压低，又爆发出一股新的力量，又向前跳了一步。

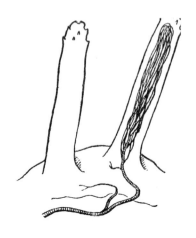

幼虫是怎么移动的呢？如果事先就知道，想象起来倒并不困难。可是如果原本并不知道，又要怎么才能知道呢？办法只有一个：仔细观察。

用一根树枝碰碰安静地趴在水底的幼虫。如果轻轻地小心地碰，它只会爬上几步。如果用力戳一下，它就会向前猛地一跳。幼虫迅速收缩肚子，将肠道里的水全力喷射出来，这股后坐力将它抛向前方。它就是用这种火箭般的方式向前移动的，大大的"步伐"可以帮它迅速摆脱天敌。只要重新把水吸到肠道里，它就能不断重复这种跳跃。

我们还能从蓝晏蜓幼虫的身上观察到什么呢？

蜻蜓幼虫的体色是一种保护色。要是生活在茂密的水生植物丛中，它的体色就是浅绿色的。要是生活在水底那黑乎乎的淤泥里，它的体色就是灰褐色或棕色的，在发黑的淤泥和腐枝烂叶中很难看见。幼虫也是需要隐蔽的：尽管是食肉昆虫，但它也很容易成为更强大的猎手的食物。

不过，就算把两岁大的绿色幼虫放到黑色的背景中（或者反之），它的体色也不会改变。只有未成熟的幼虫才能根据生活环境把身体变成绿色或黑色，再长大一些就变不成了。绿色植物中的幼虫是绿色的，水底的幼虫是黑色的，但这并不是因为掉到水底的绿色幼虫变黑了，而是另有缘故：黑色背景中的绿色幼虫比黑色幼虫更显眼，往往首当其冲

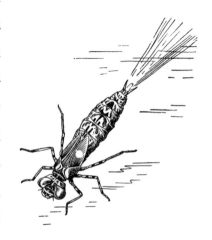

成为猎手的美餐，所以绿色幼虫在水底是活不长的。

在最后一次蜕皮之前，蜻蜓幼虫从水中出来，爬上芦苇、香蒲或慈姑①之类的植物。它在植物上完成了最后一次蜕皮，直接变为成年蜻蜓（蜻蜓不化蛹）。盛夏时分，在芦苇或香蒲上经常能看到蜻蜓幼虫蜕下的空壳。就算不看身体的形状，只凭着脑袋上的大眼睛和"面具"也可以立刻把它们认出来。

当我还是个小孩子的时候，我也知道会飞的蜻蜓总得有个办法从水里来到陆地上。可它是怎么上来的呀？这我就不晓得了，想必是没有注意到芦苇上的幼虫空壳吧。要是当时就找到了空壳，我大概就能猜到幼虫是从水里爬出来的。

自那之后又过了好多好多年，我已经记不清具体是怎么回事了。但有一件事我是忘不了的：我在水族箱里饲养幼虫，可不管怎么费尽心思，都没法让它们变成蜻蜓，幼虫最后全死光了。显然，那时的我并不了解其中的"奥妙"：没有给幼虫准备一个通往陆地的通道。不然的话，又怎么至于等到头来一场空呢？

如今的我已经非常清楚该做什么了。

要想目睹幼虫变成蜻蜓的过程，你就得在春天里抓来几只长得很大的幼虫。在这个时候，过了两次冬的成熟蓝晏蜓幼虫已经能达到4～5厘米长，到了同年夏天必定会变成蜻蜓。要是你抓来的幼虫不够大，那就只好再多等一年了。

把幼虫养在水族箱里，让它们吃得饱饱的。往水族馆底部的沙子里插上几根长树枝，这样幼虫才能爬出水面。每天都留意幼虫的情况，一旦看到它爬上了树枝，就待在水族箱边上专心观察。

---

① 泽泻目泽泻科，草本植物，多生长于水边。——译注

　　爬上去的幼虫用爪子紧紧抓住树枝就安静了下来。它停在树枝上一动不动，好像睡着了一般。你可别去惊动它或碰它，它并不是在睡觉，而是已经开始变形了呢，只不过外表上还看不出什么迹象。的确，它那双大眼睛上薄薄的罩子似乎变得更透明了，但这个变化实在很难看出来，何况也可能只是错觉罢了。

　　过了一段时间，幼虫胸部对应的背侧位置出现了一条纵向的缝儿。这缝儿越变越长，一直延伸到了头部，而且还在往两侧扩大，逐渐形成一条更宽的裂缝，里面可以看到蜻蜓的脊背。裂缝不断变大，两眼之间又出现了一条横向的新裂缝。幼虫的身体前部仿佛是鼓了起来，裂缝已经拉得非常宽了，里面凸起的就是未来的蜻蜓的胸部。

　　背部的裂缝同头部的融合在了一起，形成一条大缝，里面探出了蜻蜓的小脑袋。

　　随着头部和胸部逐渐从裂缝中钻出来，蜻蜓后仰的角度也越来越大了。

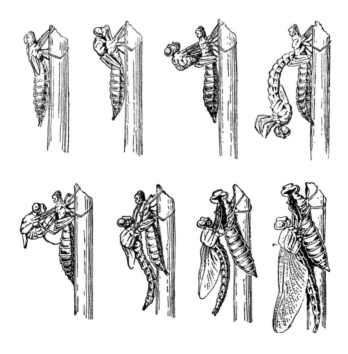

它弯曲着身子，胸部和头部远远地离开了枝条。只要看到这一幕，你就会立刻明白它为什么要这样做了。

蜻蜓开始了一项艰巨的工作：把六条腿从旧的"皮囊"中抽出来。

它的腿又细又长，而且还非常柔软，又被"皮囊"紧紧地裹着，这才是最难办的地方。这层"皮囊"并不是一件穿脱自如的外套，而是一个紧紧裹住六条腿的套子。更糟糕的是，这并不是一条直直的管子。在变形之前，幼虫紧紧地抓住了树枝，它的腿是弯着的。这样一来，变形后留下的套子就成了一条角度很大的管道，要从里面把腿抽出来自然艰难得多。

蜻蜓使劲地把身子向后仰，努力想把腿从旧皮中抽出来。等到这一过程进行到腿的末端也就是爪子时，蜻蜓已经不只是向后仰了，而是几近头朝下倒吊在空中，就以这个有点儿古怪又不方便的姿势把爪子也解放了出来。尤其难办的是最后面的一对爪子，蜻蜓费了老大劲才把它们拔了出来。

所有的腿终于都自由了。蜻蜓稍微抖了抖腿，好像是想试试看，新的腿脚能不能用来完成接下来要做的动作。这六条腿悬在空中，根本没地方可以抓，而且由于蜻蜓是倒吊着，它的腿自然是朝向上方。蜻蜓抖抖腿，让它们往两侧张开了些，然后又回到原处。这就是它能用腿脚做的全部动作了。

留在旧皮中的只剩下腹部的末端。只要把这一部分抽出来，蜻蜓就能完全从幼虫时期的套子中解脱了。只要再做几个动作……

蜻蜓显然已经累坏了，累得就这样倒吊在空中不动了。它简直是纹丝不动，很容易被误认为死掉了。

我小心翼翼地碰了一下处于这种状态的蜻蜓。它没有动弹，就算更强烈的碰触也无法让它从"僵死"中苏醒。

过了 10 分钟，15 分钟，20 分钟……蜻蜓歇了会儿，重新恢复了体力。剩下的工作已经很少很少了：它蜷曲起身子，用六只脚抓住树枝，把腹部从旧皮中拔了出来。

大功告成！

年轻的蜻蜓停在旧皮上。它暂时无法飞翔，因为背上还没长出真正的翅膀呢，只有几个又短又厚又软的小片儿，黏糊糊的，还长着不少褶子。蜻蜓身体里的血液渐渐流到小片儿里，让它们慢慢舒展了开来。随后，翅膀里的气管也逐渐充满了空气。

又过了五六个小时，翅膀长到了正常的大小和硬度。在那之前，蜻蜓的外壳也已经变硬了。如今它已经有了飞翔的能力，拍拍翅膀便飞走了。

尽管如此，这只蜻蜓还没有完全成熟。它的体色十分混浊，还得再过几天才能拥有鲜艳的色彩。

# 18. 各有各的习性

把虫蛹孵成蝴蝶是件特别有趣的事情，在那些不甚了解毛虫的人看来就更是如此。换作是行家，他只要看到毛虫就知道日后会化成什么蝴蝶了。除非这只毛虫很罕见，那他还能在等待孵化的过程中产生几分迫切的心情。但昆虫学新手的那种欣喜和激动，行家毕竟是体会不到的。

"哎呀，会孵出什么样的蝴蝶呢？会不会是只特别漂亮、特别稀有的蝴蝶呀？瞧这毛虫多好看呀……"

毛虫还真给了他个"惊喜"。从虫蛹里钻出来的根本不是蝴蝶，而是一只长着四片透明薄翼的小虫，有时屁股上还可能拖着条"长尾巴"或一根锥子似的玩意儿。还有的时候甚至会孵出……苍蝇！？哎，这苍蝇简直跟普通的家蝇一模一样嘛，只不过体形稍大一点，身上长满了坚硬的刚毛。

这种倒霉事就连蝴蝶收藏专家也不能幸免，很多时候根本没法一眼就看出毛虫是否能变成蝴蝶。

欧洲粉蝶的毛虫比较常见，喂养起来也很简单。不错，这种蝴蝶确实非常平凡，但是通过自己孵化，你可以得到一些非常新鲜的标本，而不是那种已经"试飞"过的旧蝴蝶。

夏末，我收集了大量快要成熟的欧洲粉蝶幼虫，把它们放到饲养箱里养着。又过了一个多星期，它们就化为了虫蛹。

所有的毛虫最初看上去都一样，但等到第四次也就是最后一次蜕皮之后，有些虫子的样子就变了。它们活动得更少了，还似乎变胖变黄了点儿。它们的粪便原本是绿色的，如今变成了黄色甚至橙色。并非所有人都

会注意到这些变化，其实这可是某种特殊的信号呢。

化蛹的时间到了。毛虫沿着饲养箱壁爬到顶上，吐丝结成软垫，安静地为化蛹做准备。

正是准备化蛹和化蛹之间的这段时间里，发生了一起"重大变故"。

有的毛虫体内突然开始钻出一些小不点儿。这些幼虫颜色白白的，看上去就像短短的蛆虫。它们没有离开毛虫，而是当场吐丝结出了黄色的小茧。小虫的数量很多，大概有几十只的样子。

毛虫死掉了，它的身边乃至身上全都是黄色的小茧。

这种情形并不罕见。只要在夏末收集到二十来只成熟的菜粉蝶幼虫，几乎就肯定能碰上被寄生的毛虫。

这些小黄茧是一种寄生蜂的虫蛹，俗称"小腹蜂"，原因是它的肚子确实比其他寄生蜂的短小。这是一种特别微小的昆虫，体长只有 2.5 ～ 3 毫米。小腹蜂有黑色的身体和橙色的爪子，爪子的前端和关节也都是黑的；它长着四片透明的翅膀，上面分布着少量纹路。小腹蜂是我们前面介绍过的姬蜂的远房亲戚。它属于茧蜂科的大家族：这类寄生蜂通常都非常微小，幼虫寄生在蝴蝶、甲虫和苍蝇等昆虫的幼虫体内。

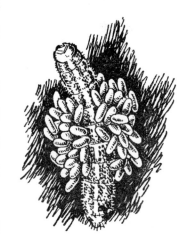

小腹蜂把后代产在山楂粉蝶、荨麻蛱蝶、小红蛱蝶、优红蛱蝶、舞毒蛾、枯叶蛾和松针毒蛾等蝶蛾类幼虫的体内。它最常选择的目标是危害十字花科植物的白粉蝶，如欧洲粉蝶、小红蛱蝶等。

要想研究小腹蜂的成长，最简单的办法

莫过于在欧洲粉蝶幼虫身上进行观察了。

　　小腹蜂的雌虫在卷心菜叶上爬来爬去，在田垄之间穿梭飞行，寻找着毛虫的踪迹。一旦发现猎物，它就会跳到毛虫身上，把短短的产卵器刺进它的体内……它能一口气产下 30 ～ 60 个虫卵。可别以为它会在毛虫身上待个好几分钟（你大概会想：难道五六十个卵那么快就能生完吗？）。不，它办事神速，必须全神贯注地盯着它，才能观察到刺出产卵器的一瞬间。

　　由此可见，小腹蜂的卵真是太微小了，连那小小的毛虫体内都能容下五六十个卵，甚至还不止呢。

　　小腹蜂要寻找的是什么样的毛虫呢？是那些刚从虫卵里孵出来的最年幼的毛虫。

　　用大毛虫去引诱它可是白费功夫，它们连看都不会看一眼的。

　　在卷心菜地里观察小腹蜂是很不容易的，换到饲养箱里就会简单一些。只要有合适的毛虫，雌虫也很乐意展示自己敏捷的技巧。

　　你可以在夏初去抓几十只欧洲粉蝶幼虫。不错，那时的毛虫比较少，相比夏末更难找到，但也不是少得找不到啦：只要肯花点儿功夫搜索，就肯定能找到。把毛虫养在饲养箱里，喂给它们卷心菜叶或十字花科的杂草。

　　这里面肯定有些毛虫已经被寄生了。从它们体内收集小腹蜂的茧，把茧放在小杯子或小罐子里，再用纱布把开口封住。

　　请记住，小腹蜂的个子非常非常小。就算只留了个小孔，在它看来也是敞开的大门。

　　过了两三周，虫茧里孵出了年幼的小腹蜂。你必须喂饱它们，不然它们就会饿死。

　　往饲养小腹蜂的罐子里丢一小块沾湿的糖块，或者一小团浸透了糖浆的棉花。也可以拿一小片玻璃，在上面抹点儿蜂蜜和水，然后把它放到罐子里。可别忘了，你养的全是些小不点儿，所以不能搞出一大摊"糖池"，也不能用跟核桃差不多大小的棉花团。

　　寄生蜂不仅要吃东西，还得喝水。在罐底滴几滴水就行了。

　　注意不能让罐子里的水干涸太久，还要让蜂蜜、棉花团和糖块保持湿润。不过也用不着每天都往食物上滴几次水：每天一次就够了，两天一次也没关系。

　　同大多数昆虫一样，小腹蜂也有趋光性。它们在罐子里会朝上飞，想从开口飞出去。所以我们要为它们提供水和甜食，并且不要让罐子开口朝上，而是把它侧着放，底部朝向窗子，开口朝向房间。这样一来，寄生蜂就会聚集在罐子的明亮处，也就是向着窗户那边飞行和爬动。

　　盛夏时分，菜园子里飞舞着新一代的欧洲粉蝶。等它们产卵后，去收集一些卵斑来。把卵斑放在饲养箱里，等待毛虫破壳而出。只要它们一出世，就把小腹蜂放进去。

　　这回你可别犯困啦。好好集中注意力，耐心观察寄生蜂攻击毛虫的情景。

　　在这么小的饲养箱里，要找到毛虫也花不了多少时间。雌虫很快发现了它们。于是它飞到虫群跟前，径直爬到毛虫的身边。

　　小毛虫刚从卵里孵化出来。按理它应该是懵懂无知的，毕竟它来到这个世上只有一两个小时呀。可是……

　　小腹蜂刚靠近毛虫，后者就迅速抬起身子，脑袋转向敌人的方向……它做出了一切毛虫面对寄生蜂都会出现的反应：蜷曲身子，不停扭动，并把脑袋朝向敌人，从嘴里吐出绿色的液体，想把毒液喷到对手身上……

　　小腹蜂侧身一躲，往旁边闪了闪，然后又凑到了跟前……要是毛虫成功喷到了小腹蜂，小腹蜂就会悲惨地死去。一旦翅膀被打湿，原本十分敏捷的小飞虫就会变成一团可怜的废物。小腹蜂似乎很清楚这一点，便灵敏地躲避着危险的绿色"唾液"。

终于，它看准时机跳到了毛虫身上。这是一个非常危险的时刻：雌虫就停在不断吐出毒性"唾液"的头部旁边。它迅速刺入产卵器，然后闪避到了一旁。卵已经产下了……

小腹蜂能产下成百上千的虫卵，其寄生目标当然也远远不止一条毛虫。被寄生的毛虫生长蜕皮，而它体内还有小腹蜂的幼虫在成长。到了毛虫化蛹的前夕，成熟的幼虫会钻到外面去。被吸干养料的毛虫便死去了。

小腹蜂的幼虫于秋天离开毛虫的身体，然后吐丝结茧度过冬天。到了第二年春天，它们会化为虫蛹。在中纬度地区，小腹蜂的世代数与欧洲粉蝶的世代数是相同的，也就是一年两代。在南方这个世代数还要更多一点。

欧洲粉蝶还能带领我们认识另一种小型寄生蜂——金小蜂。它是小蜂科的成员。

要寻找金小蜂，靠饲养箱里的欧洲粉蝶蛹或幼虫是行不通的：寄生蜂怎么能进到饲养箱里去呢？你必须到菜园子里找欧洲粉蝶蛹才行。发现了欧洲粉蝶蛹，任务就完成了一半。还有一半是对虫蛹进行观察，在上面寻找金小蜂的踪迹。

金小蜂比小腹蜂稍大一点儿，体长约 3 ～ 4 毫米。金小蜂的雄虫身上泛着亮青色的金属光泽，雌虫则长着深绿色的肚皮和浅色的六条腿。

如果你发现有只肚子泛着绿光的小虫停在欧洲粉蝶蛹上，那应该就是金小蜂的雌虫了。它不怎么爱活动，被发现了也不急着飞走。这种寄生蜂

不知是太懒呢，还是遇事过于镇定，就算虫蛹被人拿到手中了也不打算飞走。小心地把虫蛹从篱笆或树干上取下来，你就可以直接把落在上面的金小蜂带回家了，不过最好还是在虫蛹下放个杯子或者罐子，然后把它抖到里面，这样更靠谱一点儿。

停在虫蛹上的通常是雌虫。而如果你想繁殖一些金小蜂，需要的可不就是雌虫嘛。

金小蜂在饲养箱里也能活得很自在。当然，食物和水是不能缺的（喂养方法和小腹蜂一样）。

在养着雌虫的饲养箱里放几个欧洲粉蝶蛹，金小蜂就会把卵产在里面。

金小蜂的幼虫只有温度合适时才能发育：20℃以下的环境会中止它的发育。要是你想在冬天进行观察，就必须把被感染的虫蛹和饲养箱放在温暖的地方（20℃～25℃）。

你可以整个冬天都在饲养箱里繁育金小蜂，为此只需有足够的欧洲粉蝶蛹。把收集到的蛹储存在低温的地方。等秋天寄生的虫蛹里孵出金小蜂后，你就从"储备"中为它们提供新的虫蛹。就这样干一整个冬天。

为什么金小蜂这么镇定，这么不容易受惊呢？

请你仔细观察攻击毛虫、虫蛹和虫卵的寄生蜂。

寄生毛虫的寄生蜂总是比寄生虫蛹的要敏捷而胆小得多。原因不难猜想：虫蛹根本不会对袭击者造成半点儿伤害，虫卵就更不用说了。可毛虫呢？毛虫不断地扭来扭去，还一直从嘴里吐出绿色的泡沫。寄生蜂必须躲开致命的泡沫，还要跳到扭动的毛虫身上，抓稳后还得把卵产下去。

由此可见，小心谨慎、善于闪避，最主要的是运动力强、动作敏捷——这些都是攻击毛虫的寄生蜂必备的素质。

有些寄生蜂以生活在树木内部深处的甲虫幼虫为目标。显然，这些寄生蜂必须有很长的产卵器，比它的身体还要长得多。产卵器的长度自然让主人的灵活度打了折扣。拖着一条比身子还长的"长裙子"，又怎么能表现得机敏伶俐呢？

事实的确如此。木虫的猎手远比毛虫的猎手迟钝得多，何况它们也用不着多灵活的身手。它们的猎物躲在树皮下的木质中，无法对猎手造成任何威胁，甚至没法从猎手的尖刺下爬开，那猎手又何必紧张呢……有了这么唾手可得的猎物，自然也就无须小心谨慎，不用学会闪避，也用不着敏捷的动作了。

看起来，这不过都是细枝末节而已。有的寄生蜂比较灵敏，有的比较迟钝，有的动个不停，有的迷迷糊糊——这又有什么关系呢？

其实，不管是研究昆虫还是其他动物的生活，各种各样的"细枝末节"都非常关键。

昆虫的习性就是由各种"细枝末节"组成的。不搞清楚这些细节，就不可能了解甲虫、蝴蝶、苍蝇的生活……

小腹蜂能消灭许许多多的欧洲粉蝶幼虫，有时竟能杀死四分之三，甚至还不止。还有不少虫蛹死于金小蜂幼虫之手。这些小小的寄生蜂都是特别有益的昆虫。

寄生在毛虫、虫蛹和虫卵里的小型寄生蜂种类非常繁多。

还记得那在苹果树枝上产下卵环的天幕枯叶蛾吗？它也有自己的天敌。

请观察一下苹果开花时分的卵环。在此之前，毛虫已经破壳而出了。

已经孵化的卵很容易认：它们的外壳被咬开了，上面有几个小洞。但除了破开的卵，卵环中还有一种外壳完整无缺的卵。

为什么呢？或许是因为毛虫死了，没有虫从卵里钻出去。或许是因为虫卵被寄生了，而寄生虫还没钻到外面。

要检验这一点很容易。剪一根带有卵环的树枝，把它放在罐子里观察。你可以先小心地打开几个完整的卵，免得白白浪费时间却等不出东西。如果这些卵确实被寄生了，你就会在里面发现小小的幼虫或虫蛹，到时就能放心地等待了。这里面倒是没什么麻烦，毕竟罐子就放在那儿，树枝和卵环好好儿地待在里面，完全用不着照料，只要观察就行了：看看虫卵里的"住户"什么时候才会出来呢？

它们什么时候才会孵化呢？肯定比毛虫破壳的时间晚得多。没必要着急嘛：得先等毛虫发育成熟，吐丝化蛹，再等飞蛾破壳而出，开始产卵才行呢。这一切要花大约两个月的时间，然后花园里才会出现翩翩起舞的天幕枯叶蛾。

在那之前——也就是天幕枯叶蛾破壳并产下新的卵环之前，被寄生的卵里飞出了赤眼蜂的成虫。有的赤眼蜂会再耽搁一段时间，直到夏末才破壳而出。那也没关系，卵环会在苹果树枝上待好久呢，它们不会赶不上的。

有的寄生蜂还会猎取舞毒蛾[1]的卵。在俄罗斯南方，经常侵袭舞毒蛾的是一种名叫平腹小蜂的寄生蜂。平腹小蜂的样子非常漂亮，但只有在放大镜下才能尽情欣赏：其雄虫的体长只有 1.5 毫米左右，雌虫只有 2～3 毫米。紫红色的脑袋带有绿色的光泽，紫红色的肚皮，黄色的胸脯上泛着紫光和绿光。要是能把它的体形扩大十倍，这小小的寄生蜂看上去会是多么美丽呀！

---

[1] 属鳞翅目毒蛾科，常见蛾类，幼虫对多种树木的叶片危害很大。——译注